循山缘水

寻迹南江古村落

广东省文物考古研究院 编　曹劲 主编

岭南古籍出版社
·广州·

图书在版编目（CIP）数据

循山缘水：寻迹南江古村落 / 广东省文物考古研究院编；曹劲主编. -- 广州：岭南古籍出版社，2025.8. -- ISBN 978-7-80775-075-8

Ⅰ. TU-092.2

中国国家版本馆CIP数据核字第2025HV5355号

XUNSHAN YUANSHUI: XUNJI NANJIANG GUCUNLUO

循山缘水：寻迹南江古村落

广东省文物考古研究院　编　曹　劲　主编

| 出　版　人：肖风华
| 责任编辑：赵　璐　麦永全
| 装帧设计：书窗设计
| 责任技编：周星奎

| 出版发行：岭南古籍出版社
| 地　　址：广州市越秀区恤孤院路12号
| （邮政编码：510080）
| 电　　话：（020）87776449（总编室）
| （020）87774479（售书热线）
| 印　　刷：珠海市豪迈实业有限公司
| 开　　本：787 mm×1092 mm　1/16
| 印　　张：14.5　字　数：200千
| 版　　次：2025年8月第1版
| 印　　次：2025年8月第1次印刷
| 定　　价：98.00元

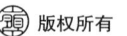
版权所有　翻印必究

如发现印装质量问题，影响阅读，请与出版社（020-87778643）联系调换。

引 言

> 橹声摇尽一枝柔，溯到康州水更幽。
> 一路青山青不断，青山断处是泷州。
> ——《答人问罗定》

清代顺德学人何仁镜在罗定州担任学正，亲友询问此处风情，何仁镜以四句诗述说南江迤逦、青山夹绕的姿态。

南江，是罗定江的别称，古名泷水，发源于茂名信宜鸡笼山顶，一路穿过狭险的山谷、平坦的盆地与起伏的丘陵，携集四方之水向北奔流，在郁南县南江口汇入珠江干流西江。南江流域涵盖西江以南、珠江三角洲以西、云开大山以东的广袤土地。

南江流域是岭南文化发祥地之一，历史上古百越族与南迁汉民族融汇共存，广府、客家、福佬等民系文化采借互鉴，形成了南江流域兼收并蓄、多元和谐的文化底色。山水塑造与文化浸润下，南江流域古村落生发繁衍，历经千百年传承，孕育了浓厚的人文底蕴和星罗棋布的名胜古迹。

青山不断，曲水回环，南江的历史文化如诗词描述般悠长隽永。今人循山缘水，寻迹南江古村落，于一砖一瓦、一草一木间，与历史对话，邂逅岁月静好，感悟仁善乡俗。

目　录

第一章　南江溯源 / 001
　　一、南江之名 / 003
　　二、流域地理 / 006
　　三、海陆通联 / 007
　　四、岭南祖地 / 009

第二章　南江古村落的自然山水图景 / 015
　　一、河谷平原上的古村落 / 017
　　二、山间谷地中的古村落 / 032
　　三、河岸低丘上的古村落 / 042
　　四、喀斯特地貌中的古村落 / 050
　　五、用水的智慧 / 059

第三章　南江古村落的人文历史图景 / 071
　　一、文化传统 / 073
　　二、商贸兴村 / 115

第四章 南江古村落的传统建筑 / 129

　　一、平面布局 / 131

　　二、立面造型 / 138

　　三、营建智慧 / 152

　　四、装饰艺术 / 166

　　五、建筑枚举 / 186

后记 / 225

第一章　南江溯源

南江是西江右岸一级支流，全长201千米，主要流经范围在云浮市境内，其中罗定市境内长81千米，流经太平、罗镜、新榕、连州、罗平、生江、黎少、素龙、附城、罗城、双东等镇和街道，郁南县境内长112千米，流经大湾、河口、宋桂、连滩、南江口等镇。[①]

南江流域的东、南、西三面群山环绕，上、下游皆为山区，中游则为丘陵盆地，流域整体呈三面闭合向东北倾斜之势。[②]上游主源太平河源自云雾山脉西南部信宜合水镇鸡笼山，此地为信宜市、高州市和阳春市三市交界；另有罗镜河源出信宜北部云开大山大营坳附近。二河汇聚于今罗定市罗镜镇的官渡头，形成南江干流，一路向东北，穿越罗定市和郁南县，在南江口注入西江。

---

① 数据来源于云浮市、罗定市及郁南县人民政府门户网站。
② 梁凤玲. 罗定江流域水沙变化分析[J]. 广东水利水电, 2011, (S1): 36-39.

一、南江之名

从古至今，随着流域范围内历史的沿革，南江有多个名字。

西汉时期，南江流域辖于交趾刺史部苍梧郡范围内。

东晋分苍梧郡另置晋康郡，治所为元溪，在今肇庆市德庆县。南朝时治所曾南下改设在龙乡县，在今罗定市内。唐、宋两代均曾有晋康郡和晋康县的建制，明代称为晋康乡，清代有晋康巡检司。晋康一名自东晋存续至清代，因此历史上南江有晋康水之称。

清人屈大均在《广东新语·水语》中记："南江，古泷水，一名晋康水。"

泷字意为湍急的河流，南江上游多险滩急流，尤以泷喉马埒为最，康熙年间《罗定州志·舆地》解释："泷喉水：石峻水陡故谓之泷，县之得名于此。"南朝梁时设立泷州；隋平南朝陈后，改龙乡县为平原县，开皇年间再改为泷水县，此后历朝沿袭，至明万历年间升级为罗定直隶州。到了近代，罗定人仍将南江惯称为泷江。

此外，南江还曾有一些使用时间很短、鲜为大众所知的名字，如"建水""双床水""双林水"等。清嘉庆《大清一统志·罗定直隶州·山川》记载："泷水源出西宁县西南，一名双林水，经县东南，又东北流入州西，谓之建水，又东北经东安县西北七十里，又北经古蓬洞，又北入江，一名晋康水，又名南江。"

"南江"之名最早出现在南北朝时期，在中原汉族大规模南迁的背景下，南朝曾设置校尉、中郎将和督护等职位来管理边疆少数民族事务。《南齐书·州郡志上》载："广州，镇南海。滨际海隅，委输交部……西南二江，川源深远，别置督护，专征讨之。"南朝梁也设西江督护和南江督护。《陈书》中的《杜僧明传》记："梁大同中，卢安兴为广州南江督护。"但此"南江"是否指代罗定江，抑或新兴江，以有限的材料难以考证。

较为明确的是，清代惯用的南江之名是指罗定江，并且被列为广东的东、西、南、北"四江"之一。范端昂的《粤中见闻》中曾言："西江水源最长，北江次之，东江又次之，南江独短。"在清代的史志文献和文人墨客的表述中，也较多使用南江一名。

明万历年间大征罗旁之后，明政府改泷水县为罗定直隶州，取罗旁平定之意，罗定由此得名，沿用至今。20世纪60年代，珠江水利委员会在省级报刊公布的"广东河流标准地名"中，鉴于泷水的主要流域及经济文化中心均在罗定，于是将泷水定名为"罗定江"。今日罗定江在不同河段也有不同称呼，罗定段惯称泷江，郁南段惯称南江。

山河壮阔的南江流域

二、流域地理

自源头至罗镜、太平的台地,南江河流切入山谷,穿越起伏丘陵,湾多滩险、水势湍急,为"泷"之得名。今罗镜镇新星村新榕河自西向东汇入南江河口的不远处,有著名的泷喉马埒,水道狭窄曲折,乱石河床,最是险中代表。民国时期的《罗定县志·地理志·山川》云:"马埒口有石矗立水间,高三尺许,下泷者恒视水浸深浅以定行止,若水过其量,莫敢下也,名曰定水石。亚公岭白旗山东西对峙,泷流其中,奔腾若马,岸狭如埒,故名。两崖怪石森然若甲戟罗列,奇险莫与匹者。"

过泷喉马埒及附近险峰,河流进入中游,蜿蜒穿越罗定红盆内低平的丘陵台地,一路汇聚连州河、泗纶河、㙟滨河等支流。中游水量丰沛,河宽滩缓,利于农耕与航运,自古是南江流域文化和经济发展的中心,奠定了罗定市历史文化名城的自然地理基础。过罗定罗城,南江进入下游河段,再次穿越郁南的丘陵低山,沿途不乏河积谷地及小平原。下游河道宽深,适宜航行,又有高村河等东自云安而来的支流,是航运发达的区域。

南江支流众多,流经区域主要涵盖罗定市、郁南县、云安区。除源头两河外,流域面积超过100平方千米的支流自南向北主要有:新榕河,在罗镜镇新星村汇入;连州河,在生江镇河口汇入;泗纶河,在黎少镇㙟濮村汇入;㙟滨河,在罗定市附城街道河仔口汇入;围底河,在郁南县大湾镇六宅口汇入;白石河,在郁南县河口镇河口寨村汇入。

粤西多丘陵山地。在今云浮市境范围内,西江以南分布着三座山脉和两列谷地,自西向东分别为云开大山、南江、云雾大山、新兴江和天露山,呈现了三山两谷的地形地貌。[①]受地质构造的影响,山与谷多为

[①] 广东省科学院丘陵山区综合科学考察队.广东山区地貌[M].广州:广东科技出版社,1991:72.

东北—西南走向。南江流域孕育了广东省最大的盆地——罗定红盆。盆地周围低山和丘陵环绕，地势西南高，东北低，周围山地的河流都流入盆地，汇入南江，自盆地东北口流出。独特的盆地气候，丰沛的水源，使罗定成为广东省重要的粮食产区。南江流域还有岩溶地貌分布，主要在云城周围及往西南至罗定市东部的金鸡镇、苹塘镇、蒴塘镇和船步镇一带。岩溶地貌较为分散，与流水地貌相邻，既有地表和地下水可供发展传统农业，又可利用矿藏资源发展石材产业。

三、海陆通联

清同治《广东图说·罗定州总图》描述："（罗定）州境面控高凉，背负肇庆，枕西江而拥箐岭，西扼岑溪之冲，东连阳春之险，崖谷深峻，滩高水激……"今日云浮市地处粤省中西部腹地，北临西江，与肇庆市封开县、德庆县隔江相望，东与肇庆市、江门市、佛山市相邻，南与茂名市、阳江市交接，西与广西壮族自治区以云开大山相隔。自古以来，南江流域便处于"襟带千里，江山联络"的地理位置，是"抚绥重地，门庭巨防"[①]。

南江流域是沟通西江和雷州半岛的交通走廊。秦统一后，湘桂走廊、潇贺古道等水陆交通网络成为中原控扼岭南的重要途径。汉代置广信县，在相当长的时期内是古代岭南的政治、经济、文化中心。广信作为交通枢纽，经西江向西可至西南地区，向东可达今广州地区，由南江向南则能到达南海沿岸，具备"初开粤地"的地理基础。南江流域因地理毗邻，发挥了重要的通联作用。

自南江口溯江南下至罗定市船步、罗镜、太平等镇，越过分水岭的群山，再沿鉴江、漠阳江顺流而下，可到粤西沿海出海。地理学家曾

---

① 顾祖禹. 读史方舆纪要：第8册[M]. 北京：团结出版社，2022：4273.

昭璇先生以自身经历讲，从南江南下经罗定、信宜到达高州继而沿海，虽然要穿越山区，但交通并非不便。罗定以南至高州作为粤西古陆的部分，长期地壳抬升，地势成山，如大田顶区域，是北流河、南江、漠阳江和鉴江的发源地。分水处多为低坳和浅谷，实际上易于通行。[①]

在唐代梅关古道开通之前，南江流域的水陆交通是中原深入岭南并通向南海沿岸的主要通路之一。唐宋以降，翻越五岭南下的道路选择增多，尤其倚重大庾岭道，而西江及南江流域沟通南北交通的重要性有所减弱。明万历年间建立罗定州后，南江流域在险峻梗阻的山路上开拓了数条南北向的陆路驿道，调整或增设新的驿站，加强了州县之间的联通与防卫，也促进了区域内外的人员和物资往来。

明清之际，南江流域古驿道主要有南江古水道、西山大道、东山大道、官大路等。南江古水道是流域内的先民最早开始利用的水上通路，主干流从今太平镇到南江口，主要有官渡头、罗城等大的节点，支流包括罗镜河、围底河、泗纶河及簪滨河、新乐水等水道。根据康熙年间的《西宁县志》中收录的陈万言的《开西山大路记》所载，罗定州与东安县、西宁县设立之后，开西山大道，四条通路分别为：罗旁口经封门、夜护到信宜怀乡；怀乡掘垌经罗镜、罗平到罗定州；由夜护经思虑抵达亚婆滩；由逍遥经振彝岭至西宁县城。东山大道，起自罗定州城，途经素龙凤阳、华石、围底、苹塘、金鸡、通往东安富林和阳春八甲方向。

此外还有南江流域内部交通路线。云安古道可从云安区的六都码头经高村镇至郁南县宋桂镇后，转水路经河口镇、大湾镇至罗定；云城古道自都杨镇牛远码头经思劳镇至腰古镇水东村，联通新兴江和珠三角地区。新兴县也有向西、向南和向东的古道线路联通阳春、恩平和佛山、江门等邻近城市。

[①] 曾昭璇, 曾新, 曾宪珊. 西瓯国与海上丝绸之路[J]. 岭南文史, 2004, (03): 23-33.

水陆道路结合,"一州两邑界西粤肇高之间"的南江流域推动了粤西地区和珠三角地区的经济文化交流,也因地处两广交会之处、广东十府中心,明代曾有"全粤要枢"之称。直到抗日战争时期,南江流域都发挥着重要的交通作用。

强大的交通能力结合当地物产,南江流域曾是古时岭南米、生铁和蓝染制品的主要产地,也带动了手工业、商业和航运业的发展。

四、岭南祖地

目前广东省确认年代最早的古人类文化遗存在南江流域。磨刀山遗址位于郁南县河口镇,是一处旧石器时代早期遗存,距今在60万至80万年前,出土有大量石制品,展现了完整的石器生产操作链。除郁南磨刀山遗址外,南江流域迄今还发现100余处旧石器地点,这些文化遗存表明,南江流域在中更新世时即有古人类在这里繁衍生息。①

先秦时期,南江流域是古百越族生息之地。逶迤的五岭并未完全阻隔岭南、岭北的沟通,南江流域也受到中原文化及楚文化的影响,进入青铜文化时代。从考古发现看,南江流域的青铜器种类和形制显示了源自楚地的技术源流,但在本地仿制铸造的过程中又带有明显的越族特色。如罗定背夫山和南门垌战国墓地出土的三撇足的越式鼎、带"王"字标志的小件器物,以及只见于本地的人首柱形器等。墓葬中出土的斧钺类器物多,为男性墓葬的陪葬品,且均为实用器,也从侧面表明当时的男性劳动者以矛剑狩猎、防卫,以斧钺开发莽林,以"火耕水耨"方式劳作的生活图景。②

秦始皇统一岭南之后,南江流域纳入秦朝行政版图,属南海郡地。

---

① 刘锁强. 叩问远古的回响 广东郁南磨刀山遗址考古记[J]. 大众考古, 2019, (01): 57-66.
② 黄展岳. 论两广出土的先秦青铜器[J]. 考古学报, 1986, (04): 409-434.

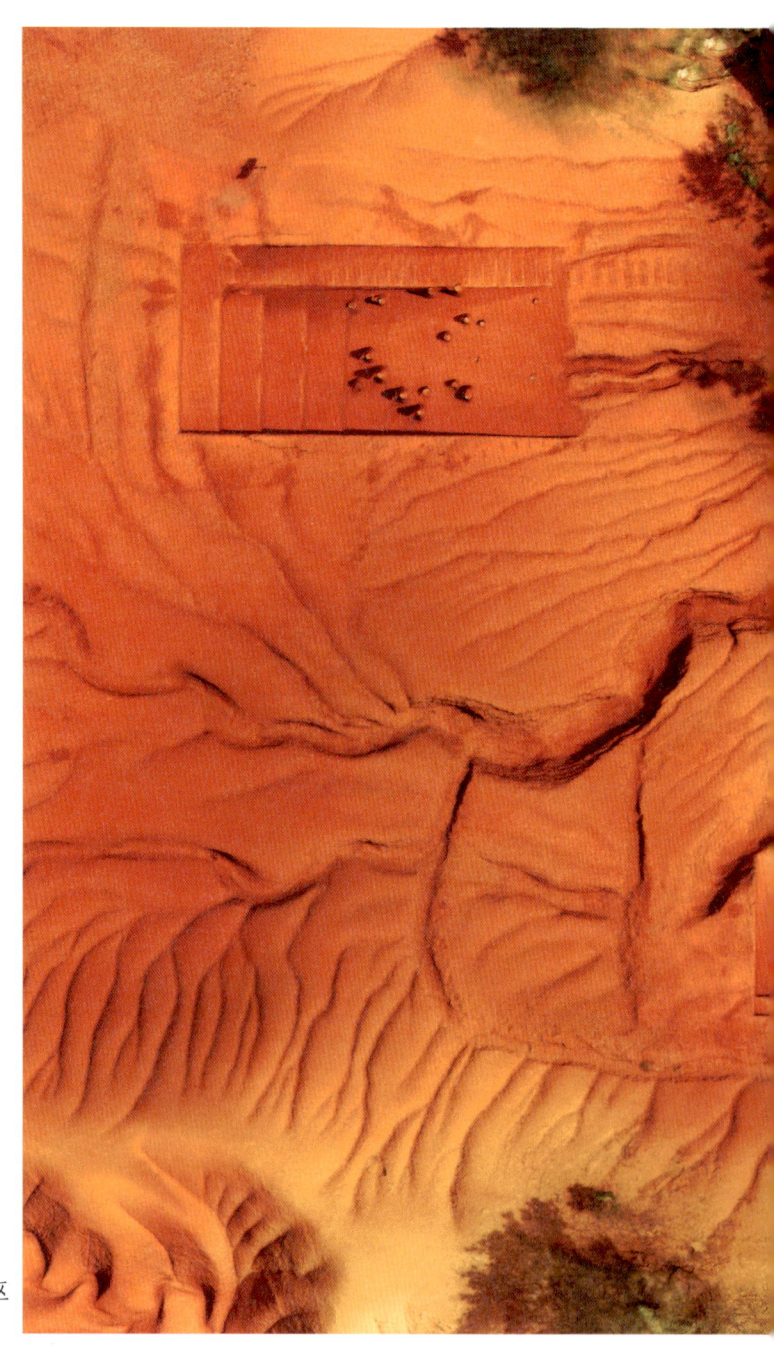

磨刀山遗址第1地点发掘区航拍图

第一章 南江溯源

秦末汉初又曾属南越国，在赵佗"和辑百越"政策的影响之下，越人较多参与到地方的管理中来，也客观上促进了土著民族的启蒙和地方经济文化发展。汉平南越国后，南江流域属苍梧郡端溪县，县治在今肇庆市德庆县，加强了对南江水道的重视和管理。

东汉之后，百越遗裔俚、僚等族群活跃在岭南大地，主要分布在今广西东南部、广东中西部及海南岛地区，南江流域也是俚僚聚集的地方。在古文献中时常出现"洞"字来指称岭南的少数族群。学界认为，此字非指自然地理概念中的山洞，而是与俚僚等少数民族的聚居方式有关。对广东西南等地俚人遗存进行的考古调查发现，俚人聚居地多为环壕聚落，且多分布于河流两岸的丘陵和山岗坡地，因此可以认为，"洞"是俚僚民族利用自然地理环境聚集而居的方式，也是其社会组织结构的体现。①今天南江流域保留了很多带有"垌""峒"及"洞"字的地名，便是百越文化遗留下来的痕迹。

两晋南北朝时期，南江流域的民族交流融合加强，真正开始融入中华大一统格局的进程。这与中原汉族大举南迁、汉族政权加强南江流域管理的历史背景相关，直接体现在行政建置的增加上。西晋太康元年（280）设立都罗县，县治在今郁南县都城镇。当地土著僚人称首领为"都老"，"都罗"与"都老"谐音，可能是为土著僚人设县，体现了西晋时期中央统治者对西江流域僚人的羁縻政策。②东晋永和五年（349）设晋化县，东晋末年，又置龙乡县和夫阮县。晋化县在今郁南县连滩，龙乡与夫阮在今罗定市内，为罗定建县之始。龙乡县治位于今太平河畔的潭白，是南江流域最早的汉人县治，夫阮县治在镇滨河流域，为越人立县。③

---

① 刘长. 俚人文化探源[M]. 广州：广东人民出版社，2023：137-144.
② 赖少雄. 云浮通史·古代卷[M]. 广州：羊城晚报出版社，2021：99.
③ 曾昭璇，曾新，曾宪珊. 西江流域南江水系的人文地理概述[J]. 广东史志，2002，(03)：3-10.

汉族移民潮促进了南江流域的开发，也带来了农耕文化与儒家礼教，中央政权推行羁縻政策，深刻推动了流域内少数民族与汉民族的文化融合。南渡的衣冠士族在南江流域扎下根系，以原居于颍川鄢陵的陈法念一族为代表。陈法念在南朝梁时举家南迁，沿南江古水道定居泷州开阳乡，曾出任新州、石州刺史，其子陈佛智曾任罗州、南靖太守。陈氏"以孝义教化溪峒"，尊重地方俚僚民族土著文化的同时推行中原礼教与法治，促进南江流域政治、经济和文化的发展，与高凉冼氏、钦州宁氏并称"岭表三大酋首"。

南北朝时期是南江流域重要的社会发展阶段，南朝梁时曾在今罗定市范围设立泷州，在今郁南县范围设立建州，在今新兴县设立新州等，各有郡县。隋唐五代之后又屡经变化，多次废复重置，但隋开皇年间设置的泷水县则历经唐、宋、元延续至明代。

唐宋之后，南江流域的俚僚民族或外迁，或融合于汉民族，部分分化为僮、侗等民族。同时，瑶人在广西及南江流域发展壮大，与汉民杂处而居，互相渗透影响，罗旁山区成为广东最大的瑶民聚居地。

明中期之后，南江流域土地治理开发积累的矛盾日深，赋税徭役愈重，少数民族聚居地区也受到盘剥。明政府对于瑶民的政策也由抚剿并用转变为以剿为主，民族矛盾不断激化，使得南江流域在相当长的时期内处于动荡之中，冲突和征剿频仍。明万历四年（1576），两广总督凌云翼调动20万军队大征罗旁，于次年平定局势，此后设州立县，实施招民复业等措施。

此后泷水县升为罗定直隶州，隶属广东布政司。康熙年间的《罗定直隶州志·艺文志》收录的《罗旁善后功绩碑》中记："分东西为两山，二山各以参将一员守之，山以东置东安县，山以西置西宁县，以泷水县适中，升为罗定州治，隶以二邑。"西宁县辖地基本为今日郁南县，东安县辖地涵盖今云安区及云城区，二县以南江为界。西山与东山，从地理上看，应分别为云开大山和云雾山脉余脉的连片山岭，是西宁县与东安县的地理倚仗，也常作为两县军事行政方面的代指。南江流域"一州两县"的设置沿袭至清代，也奠定了流域内政治、经济和文化发展高峰的基础。

第二章　南江古村落的自然山水图景

南江流域以山和水为统辖，交错分布着丘陵、盆地和谷地。江水自南向北汇入西江，云开大山与云雾大山在两侧腾起的连绵丘陵，环抱着罗定红盆以及船步、罗镜和连滩等河积谷地。不同的地形地貌条件影响着村落的生发和形态特征。南江先民在此繁衍生息，描绘了一幅人与自然和谐共生的自然图景。

今天南江流域有很多以"思""罗""云"等字为冠首的地名。"思"以及同音的"泗""司"等，常见于较大的河流附近，如郁南连滩镇的思和、罗定市的泗纶，云安区的司马等。[①]再如许多带有"罗""云"等字的地名，如罗定、罗镜、罗平、云龙、云表等。有学者经过与少数民族语言对比和考证后指出，"罗"字本意为"山谷"，山岭、麓脚之地；"云"字引申之意是"村落"。古越民族有倒装的语言习惯，俚语地名常用齐头式，"罗""云""思"等字便为这些地名的冠首字，体现着聚落的自然地理特征。常见地名用字还有"峒""督""莳"，如大峒、督濮、莳南，这些字见证了南江流域原住民利用天然地理

[①] 陈大远. 南江文化析疑[J]. 珠江经济, 2008, (10): 90-96.

资源聚族而居、发展农耕生计的历史渊源。①

　　南江古村落多分布在河流两岸或丘陵台地之间的平坦开阔之处，配合流水地貌，利于村落的形成，也为农林业的发展提供了条件，尤其是盆地与谷地，将罗定造就为闻名的"岭南粮仓"。南江流域也有发育较好的岩溶地貌，不同于粤北的连片峰林，这里的岩溶台地地势平缓、土层较厚，仍可开辟耕地，并有丰富的地上、地下河水资源可供旱季灌溉。依山傍水的环境为古村落的生发提供了自然资源基底，构筑起天然屏障；而村落的选址与布局也深谙堪舆之道，巧借山水之形，展现了古人对天地自然的敬畏与理解。

---

① 陈大远.龙乡夜话[M].北京:中国文联出版社,2001:12-17.

一、河谷平原上的古村落

南江及其支流的冲积平原以及罗定红盆的底部,地势平坦开阔,利于耕种,有良好的自然地理条件,水陆交通便捷之处,也更容易孕育出繁荣富庶的村落。

这里的古村一般规模较大,往往以宗祠及风水塘为核心,周边民居建筑群成组成团,灵活分布但又井然有序,被广袤的良田所环抱。

兰寨村

郁南县连滩镇的兰寨村坐落在南江一处大河湾的凸岸,长久的河流奔涌在这里沉积了广阔的河漫滩。村民将江湾内侧肥沃的沉积岸开辟为大面积的耕地,建筑则在田畴环抱里集中分布。村落主入口附近的江岸有兰寨古码头,曾是旧时村中主要的水路入口,地势宽广平整结合水陆交通便利,是兰寨村发展的基础。隔江东望的山岭上有连续起伏的岭脊,被村民称为"十八龙脉",大江与大山的蜿蜒姿态,在村民眼中是护佑子孙繁荣昌盛的好风水。

兰寨村以林姓为主,明万历初年大征罗旁之后,政府广募移民垦殖三罗,林宏远兄弟从福建漳州来到广东,在罗旁受田拓荒,待生计初定后又回到福建将家人接入连滩生活,自此开枝散叶。经数代耕读经商,兰寨林氏积累了庞大的财富,在村中留下建造考究、装饰精良的古建筑群。村中主要建筑沿两个不同的轴向发展:南向以林氏宗祠为中心,聚集着秀参林公祠等祠堂和民居,面对田心,展现了村落宗族传统的一面;东向江水的部分,连接村首码头和村尾安宁庙的主干道边,分布有当铺和双桂堂、福生大屋、瑞昌大屋等大型民居,这条干道也一直是通往连滩镇的商路,展现了兰寨富庶和开放的一面。不同的朝向体现了山水、历史与交通对村落的塑造。

东北方的兰寨村与西南方的石桥头村

秀参林公祠

福生大屋

石桥头村

兰寨村西南有石桥头村。与前者不同，石桥头村处于河流凹岸，易有水患风险，本来并非安居的良好选址，但这里的邱氏居民是明万历年间从不远处的石脚村中繁衍扩散而来的，两村至今还保持着紧密的宗族联系。

石桥头村沿水而布，地势开阔，建造有光二大屋、毓桂旧屋、毓桂大夫第等规模庞大的宅邸，同时为了应对频繁的水患，村落和建筑也特别注重防洪排水。

第二章　南江古村落的自然山水图景　023

毓桂旧屋和毓桂大夫第等民居

有"清代古堡"之称的光二大屋

第二章 南江古村落的自然山水图景

光二大屋的楹联"天教龙虎山双枕,地界东西水一衿",说明了此地的山水形胜

第二章　南江古村落的自然山水图景　027

　　石桥头与兰寨都属于今天的西坝村委管辖,西坝地名古已有之。龙岩山、虎岩山夹峙的河谷平原,被南江分割为东西两部分,即东坝、西坝,在明清时期分属东安县与西宁县。此处的"坝"非指人工修筑的水利设施,而是当地人对河岸两侧平坦土地的称谓。历史上,石桥头至兰寨一片有大面积的野油菜地,故有油菜坝之名。今天石桥头村中的泥砖民居上还贴有"春暖油菜坝,花发拔刀村"的楹联。

羊塘头村

羊塘头村又名"凤阳村",地处罗定红盆中部,属今罗定市素龙街道管辖,以陈姓居民为主。村落始建于明嘉靖初期,兴盛于清代,曾是明清时期罗定州的名村之一。村落周边地势较为开阔,有平缓的低丘,良田环绕。地方志记载,因村子形态似羊,又处于一处大水塘的东侧,故称"羊塘头"。"凤阳"之名的由来,村中传说是先人卜居此地时,形容丘陵与水流地形有"五凤朝阳"的姿态。

羊塘头村鸟瞰

第二章　南江古村落的自然山水图景　029

羊塘头村民居间的小巷

今日村中以陈氏宗祠为中心，还保存着30多间纵横排列的古建筑，坐向划一，布局有序。现存的清代民居多为三间两廊式，带有广府民居的风格，但砂岩护角、"金包银"外墙或夹板夯筑墙体的做法又具有地方特色。村内由7条狭长幽深的古巷相互连通，石板铺就，路面的排水明沟至今仍在使用。

历史上，羊塘头村一直是陆路交通要冲，驿道穿村而过，初为泷水县的县道，罗定州建立后，升级为州驿道。晚清有罗定诗人云："泷水

羊塘头村的古州驿道

名高世泽长，五里桥东有凤阳。独领风骚五百载，不信人间无仙乡。"沿罗定州往肇庆府的驿道东行约5里，有一座"五里桥"，再东行不远便为凤阳村。今天村中的泽汇路就是当年穿村而过的一段州驿道，全长约200米。这里曾是一条繁华小街，两侧店铺林立，街上设有驿站供进入州城的官员歇脚，如今驿道两旁保留的各类建筑见证了明清时期古村的繁荣。

二、山间谷地中的古村落

南江流域多山地，环绕的峰峦形成天然的屏障，丰沛的山间流水滋养作物，许多村落在山间谷地中生发。由于特殊的地形，这里的村落有着因势利导的灵动形态，建筑沿蜿蜒的河流、山脚或道路带状分布，因空间的局限，布局紧凑，甚至延伸上山脚，节约出宝贵的平坦土地用于耕种。村落也由此形成高低错落的景观。

布务村

布务村位于今云城区河口街道，北面依靠起伏的丘陵，阴雨天气，山间弥布着白色的雾气，故而得名布雾，后来简化为布务。南山河，即西江支流泸水河的上游河段，穿过起伏的丘陵南下，布务村委下辖的自然村便分布在河水两岸。

布务村延伸上山脚的民居建筑

第二章 南江古村落的自然山水图景 033

布务村开村于清初，以陈姓为主。村中有一座弯曲的小山丘，村民以之为后龙山，称其"蛾眉修月"，意指如同女性秀美的弯眉，十分有浪漫气息。山丘为黄土山，遍植杂木，也是村中的"风水林"。布务下辖的几个自然村都枕着这座后龙山，前塘后林，依山就势，建筑前低后高，沿山脚缓坡而建，布局紧凑而规整。

清代，布务村中有不少做官和经商者，较为富裕。整齐排列的民居多为三间两廊布局，但也有数座规模较大的五进大屋，背靠后龙山建造，屋脊层层抬升，连续的镬耳山墙犹如游龙般延伸入山岗，俗称"五龙过脊"。站在上首，村落风光尽收眼底。村中民居间的巷道路面多以河石铺砌。南山河有一条小支流，名为布务小河，自西向东从村中穿流。村民说，河水曾经丰沛，是孩子们夏日消暑戏水的地方，但现在的水流已不比从前，只是潺潺流过，河上还保留着原来的石板桥。小桥流水，为这座山谷间的小村增添了别致的景色，也包含着年长村民无尽的回忆。

布务村中小河上的古石桥

第二章　南江古村落的自然山水图景　035

群山掩映中的增村

增村

增村位于云城区前锋镇，地处绵延的云雾山脉之间。村中以梁姓居民为主，据族谱记载，先祖是明嘉靖年间一走街串巷的担货郎，途经增村留宿，因年轻有为、待人诚实而被村中一老妇招为女婿，自此落籍于此。村落地处山坳，有前锋河穿村而过，北有石麟山，西有玉梭山、东有天马山、南有狮子山，可谓"前有低屏、后有靠山，左右拱卫、玉带环腰"，是藏风聚气的宜居之所。

增村的雍亭梁公祠,楹联曰"前天马后玉梭,左石麟右睡狮"

村中保留有成片的明清古建筑,沿河道与山脚而建,以纵横的巷道相连,布局如棋盘般规整。田畴被两侧山脚下的建筑群夹于中央,又有流水灌溉,一幅山水田园风光。村西的梁氏老屋为最早的祖屋,占魁旧宅、元魁旧宅、德魁旧宅等大宅依次并排而建。在高处眺望,连片的镬耳山墙在青山掩映下气势宏伟,蔚为壮观。

第二章 南江古村落的自然山水图景 037

增村古民居连片的镬耳山墙

大田头村

大田头村位于云城区南盛镇益南村委，四周层峦叠嶂，绿意盎然。罗坪水自西向东流经该村，村落沿着山脚、就着河流往东西方向延展，建筑均背山面水，以窄小但整齐的巷道相隔。因为山多地少，有限的耕地只能零星分布。

清康熙年间，有林姓先人自福建莆田经由南雄珠玑巷迁至大田头村。村中本来还有朱、杨两姓居民，但林姓发展势猛，渐渐成为村中的主要姓氏。有趣的是，村民喜欢从风水的角度来解释人口的变化。村子坐落于山谷中，群山内聚拱卫，有"群臣朝天子"的格局，背后

依仗的是云雾山支脉的山岗,俗名"伏虎山",村民认为,山名"伏虎",而虎佑"林",而吃"猪(朱)""羊(杨)",故更宜林姓居住繁衍。

村中保存了众多清至民国初年的祠堂和民居。林氏宗祠位于中心的位置,前有晒谷坪和围墙。其余民居背靠伏虎山分布在祠堂两侧,每座都有一个堂号,有载福堂、积善堂、潮善堂、培桂堂、杏春堂、玉庆堂、宝善堂、光裕堂、桂发堂、巨兴堂、巨绿堂、绿耕堂、志喜堂、天如堂、荫福堂、爱日堂、厚福堂等,从村头分布到村尾,可见林氏一族的繁盛。

林氏宗祠及两旁的传统民居

大田头村鸟瞰

三、河岸低丘上的古村落

在靠近河岸的低山丘陵地区，空间较为开阔，地形起伏和缓。这里的村落规模一般较大，顺应丘陵地势呈现高低落差，民居沿山脚等高线也有成组成团的灵活布局。河流两岸农田分布，水陆交通便捷，是利于生计的安居之处。

城围村

城围村位于罗定市围底镇。围底是罗定陈姓的祖源之地。南朝梁时新、石二州刺史陈法念定居泷水，是岭表三大酋首之一，为民族融合与地方稳定发展作出了重要贡献。此后陈氏逐渐发展为岭南极有影响力

城围村与回龙村鸟瞰

的一族。陈法念定居之处在今围底镇的古模村，周围有很多以陈姓为主的大型村落，城围村就是其中之一。

村落北为低丘山岗，西侧有围底河蜿蜒流过，南面较为平坦，辟为大片农田。一个半月形的开阔水塘将村落分隔为城围与回龙两个自然村，南北相望。城围坐落在水塘之南，地势稍低平，规模较小，是陈氏后人迁居此地的最先落脚之处，村中有一香火堂。随着人口繁衍，水塘北面的山丘成为扩散安居的新地点。这条山丘弯曲绵延，状似游龙，村子因此得名"回龙"。回龙村的入口在村北处地势最高的地方，村民将这里称为"金星顶"，视为村中"龙脉"所在。村中民居便背靠金星顶而建，面向水塘和宽阔的田畴，地势自北向南缓缓降低。村内古建筑密集，陈氏宗祠坐落在水塘前，成为南北两个村落的中心，其余民居顺应山岗地势层叠分布，还有经虞仓、福德仓等乡间仓廪临近农田，昭示着村落曾经富足远近的辉煌历史。

村落巷道，两侧大屋间都有排水明沟

老屋前晒的新谷

今日围底河流域不少村镇讲傩古话,这是一种带有俚、僚语元素并保留了许多中古汉语成分的方言,被称为古粤语形成的活化石,也是古百越族遗风。城围村村民之间日常交流时都说傩古话,与外人交流时才使用白话。

建于民国时期的回龙村成德堂

㙟濮村

㙟濮村位于罗定市黎少镇，地处罗定红岩盆地西部的丘陵地带，泗纶河与泷江交汇处。村落位于较为平缓的山坡之间，背靠狮子岗，面朝江水汇流，东侧有码头，延伸出通往村中的主干道。㙟濮村居民以梁姓为主，先人于南宋咸淳年间从南雄珠玑巷迁徙来泷州开族。随着清末工商业的发展，后人梁性存靠商业起家发迹，与弟弟在道光年间迁居㙟濮定居。梁氏一族依靠水陆交通便利发展贸易，积累了巨大的财富。族人于清咸丰年间开始建设梁家庄园，三代人耗时数十年，在1914年建成，是南江流域最大的私人庄园。以梁家庄园和梁氏商业为基础，㙟濮村形成了一个有相当规模的墟市，声名大噪，繁荣非常。

位于丘陵地带两水交汇之处的㙟濮村

第二章 南江古村落的自然山水图景 047

史料记载，梁家庄园曾有26座民居大屋，以及炮楼、粮仓、晒场、书塾、当铺、商店等附属建筑和设施，占地面积6万余平方米。庄园内规划有序，建筑大多面向江岸，有便捷的码头和通达的道路系统，形成了科学的整体布局。如今，梁家庄园内保存较好的除了九座屋、泷聚大屋等大型民居，还有规模庞大、高墙厚壁的粮仓，生动展现了清末民初粤西农耕生产历史图景。据当地老人回忆，民国时期梁家庄园田产1万多亩，有当铺6间、商店100多间，还有上百人的仆役、长工和护院队伍。粮食收获时节，新谷晒满谷场，货船云集码头，当时曾有梁家庄园的新谷一出南江口，肇庆的米价都要下跌的说法，可见其粮食生意的规模。

㙟濮村承载着特殊的历史记忆。1944年，广东省立文理学院（今华南师范大学前身）为避战火迁驻于此，以梁家庄园为校舍办学，为村落带来浓厚的文教风气，师生与乡民间有一段亲密互助的情谊。这是㙟濮村为华南高等教育在民族危难中延续所作出的历史贡献。

九座屋和泷聚大屋

第二章　南江古村落的自然山水图景　049

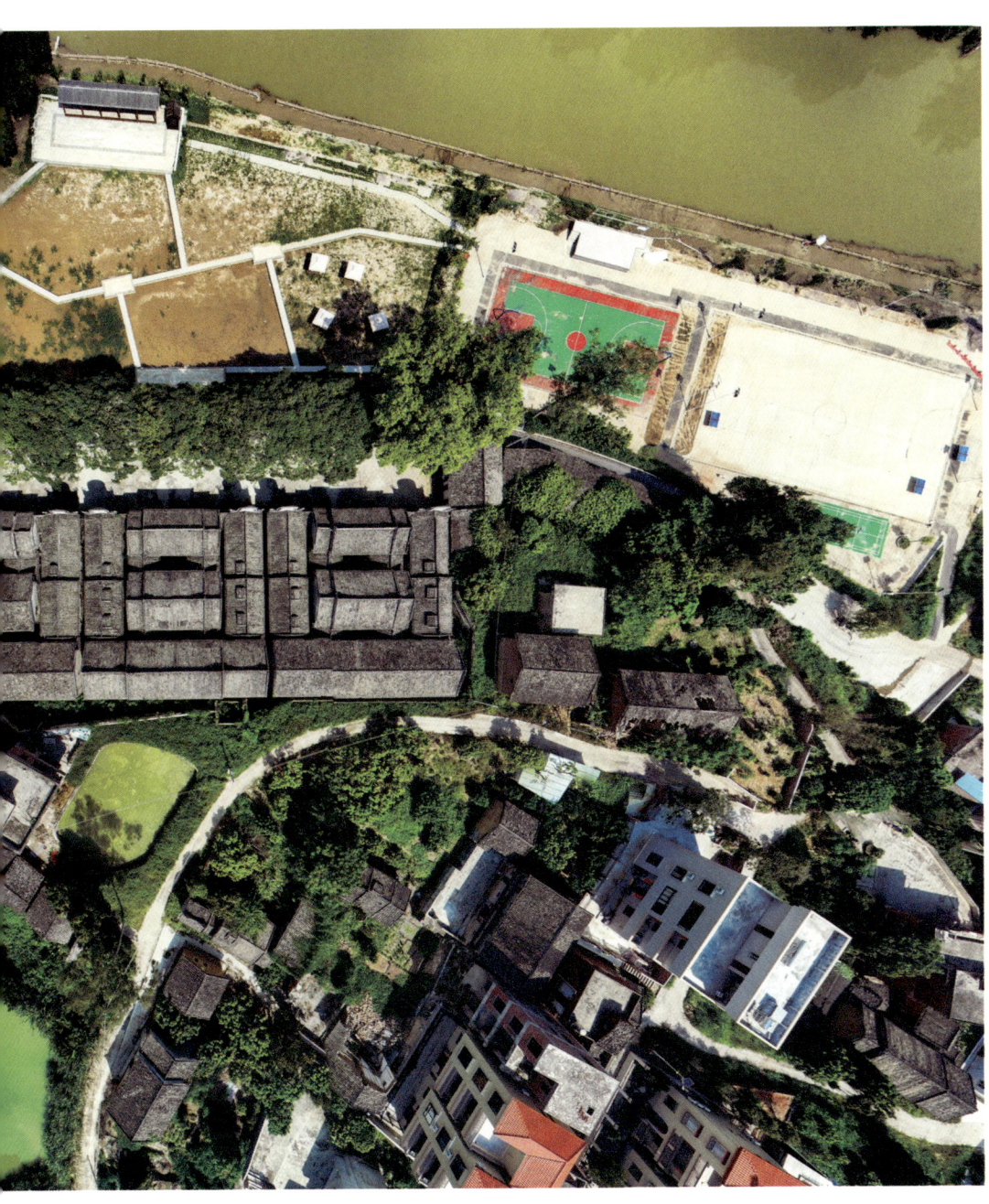

四、喀斯特地貌中的古村落

南江流域也有喀斯特地貌区，石灰岩脉自罗定市的蒟塘、苹塘、金鸡等镇向郁南县的宋桂、连滩及云安区的白石、镇安、茶洞等镇延伸，进入云城区。受地下水化学溶蚀和地面流水冲刷影响，可溶性岩石逐渐演化成形态多变的岩溶地貌。喀斯特地貌区的古村落建于峰丛之间的平坦地带或山脚，秀美的石山装点着田畴和村落，溶洞钟乳彰显着天然造化，开发石材资源也成为传统农业之外村民的另一项生计来源。

茶榕村

茶榕村位于罗定市苹塘镇，有非常典型的喀斯特地貌，石山峰林凸起，连片禾田铺陈，有村舍点缀山间，风景秀美。茶榕村委下辖大寨、下寨、大汶、汶塘等自然村，一簇一簇地散布在大旗山、石灰凫、牛岩山和薄片山等石山的山脚。因势制导，各自然村的朝向不一，但都背山面田。

峰林点缀的茶榕村委，辖下几个自然村就沿山脚分布

第二章　南江古村落的自然山水图景　053

下寨村村口的民居

茶榕村有刘姓、伍姓、简姓和李姓等村民世居，以刘姓为主，是清康熙年间自新会迁来，至今300余年历史。村落主入口位于下寨自然村，4座清代古建筑背靠大旗山一字排开，居首为刘氏宗祠，规模和形制略高，凸显宗族的重要性，相邻为敬德堂、崇德堂和树德堂3座民居。8个高大的镬耳山墙并立，以翠绿山峰为背景，蔚为壮观，第一眼就让人感受到村落的繁荣与富庶。自下寨村沿山脚东行，是大汶自然村，背靠的石灰岛有一溶洞，地下水在洞口汇集成一汪清泉，称为"蝴蝶泉"，清洁明澈、常年不绝。近年来，美丽乡村建设在此筑亭造景，夏日酷暑，村民带着孩子在这里戏水纳凉，怡然自得。从下寨村穿越稻田中的小径向南行，可以到达对面牛岩山脚下的大寨自然村。大寨村规模稍大，曾是刘氏族人聚集生活的地

背靠石山的树德堂

方,至今仍保存有11座清代民居大屋,各有堂号,布局紧凑。牛岩山的背后,是汶塘村,得名于西侧的大片水塘。这里有伍姓、林姓等居民,不同族姓的关系,村中大小传统民居零星散布,彼此间保持着不远不近的距离。

大汶村村中景致，山脚下有溶洞清泉

　　茶榕的村落民居都紧靠山脚，让出峰林间的平坦土地，开辟为大片稻田。村落附近并无河流流经，但丘陵低地分布着许多天然水塘，人们也修筑了纵横的沟渠和引水渠，再加上丰富的地下水资源，利于农田灌溉，因此村落不愁食粮。

大垌村

大垌村位于罗定市金鸡镇，村中世居居民为吴姓。据族谱记载，明万历四年（1576），大垌吴氏开基始祖由英德迁居东安县落籍，其后人在一个偶然机会从远方眺望大垌，看到此处山丘形似金榜题名的考生来揭的榜一样，寓意美好，因此决定携带家人迁来此地定居，这就是大垌村委会下辖挂榜自然村名字的由来。挂榜村北的山脚之下有大垌吴氏大宗祠，始建于清乾隆五十二年（1787）。宗祠旁边的司马第和中和堂，都是大垌吴氏较早的建筑。茶墩、下新等其他几个自然村也是因吴氏族人人口繁衍，渐渐自挂榜村分出而形成，各自顺应地势营建民居，面向天然或人工水塘。

大垌村的石灰岩小丘"六峰山"

大垌村至德堂及其后的八角楼

金鸡镇是罗定的东大门,地处交通要冲,历史上多有兵燹之事,特别是晚清民国时期,匪患严重,因此大垌村中许多古老大屋都曾建有炮楼。相较于南江流域其他村落,大垌的炮楼更加庞大坚固,或应称之碉楼,较有代表性的是建造于清光绪三十一年(1905)的至德堂及其后座的八角楼。至德堂是三进宅邸,八角楼位于其后,形似古堡,以坚固的围墙与前宅围合成院落,院中还有两口水井,遇到险情,八角楼可以容纳全家人在里面短暂生活。村民对于匪患的防御还体现在对"六峰山"的利用上。六峰山是村中一座凸起的石灰岩小丘,内有溶洞,土匪来的时候村民就躲进去避险。当年,国民革命军在金鸡剿匪,大捷之后便在六峰山前举行祝捷大会,当地耆宿留有《金鸡乡善后碑记》,镌刻于溶洞石壁,记录此次剿匪经过。

五、用水的智慧

南江流域山水相拥的自然地理环境为村落的繁衍生息提供了优良条件，青山拢聚的谷地"藏风聚气"，带来地势与心理上的倚仗，流水绕经的土壤生长出赖以生存的口粮，供养世代居民。但自然总是多面的，由于地形复杂，降雨时空分布不均，水源的丰寡是南江居民始终面对的问题。与水伴生的族群在用水、治水方面有着丰富的经验。

古时南江流域的居民运用引、蓄、提、调的方式解决用水问题，历代县志中的舆地山川卷中记载了散布一州两县各地的圳、陂、塘、井等水利设施，它们满足了村落农耕和日常生活需要，营造了宜居宜作的村落环境，有些甚至影响至今。

圳，是从河川上游水口处引取水源，通过沟渠延引至田边用以灌溉的水利设施，也兼具泄洪功能。民国时期重修的《旧西宁县志》记载，明万历十四年（1586），知县林致礼在附城开筑东圳、西圳，灌溉农田百余顷。除了官方主持修凿的水圳，民间也有集资营建以利自家田亩的情形，《旧西宁县志》中就记录了连滩西坝的上下两圳："西坝上下二圳发源黄埇坑，由平地窝大陂二陂、合水口、鸭漂、菩山、连滩三庙前、鸡埇、中寨等处经流，引灌油菜坝、长乐围、石脚、兰寨、百家庄处田二十余顷。百家庄开辟于万历初年，即今之西坝。"这一片灌溉的区域就是今天兰寨村、石脚村和石桥头村一带。民间修筑的水利设施通常只限于出资人使用，但也会有被沿途别户截引的情形，所以旧时官府也常会处理这样的官司。《旧西宁县志》中载："当日开凿二圳，凡经捐资者始得取挹此水，上下高低挨次引灌，且其源流非洪仅敷灌注西坝之田亩，故外处别佃不得滥决阻难致妨农业。"还详细记录了兰寨林氏、石脚邱氏等人状告郑氏夺占水源的官司，并获得了政府的支持。

1955年，郁南县连滩镇对西坝上下圳进行了延长改造。

陂，兼具了蓄水、放水的功能，拦截水源、调节水流，起到防洪灌溉的作用。陂与圳常常组合发挥作用，西坝百家庄就建有陂，是西坝二圳的渠首工程。南江流域陂塘遍布，但最为著名的是陈璘陂。明代抗倭名将陈璘在明军大征罗旁后负责三罗善后事宜，落籍东安县，其间做了不少利于民生的大事。万历年间，陈璘为开垦罗平良田，率领军民在围底河下游修筑水陂，灌溉罗平、沙萌良田百余顷，地方百姓感戴，将这座陂称为将军陂。陈璘陂建成后使用了300余年，是罗定历史上一项伟大的水利工程，在今天罗定市罗平镇的营下村还留有遗址。1960年，陈璘陂原址新建了引沙陂头，继续造福地方百姓。

《旧西宁县志》所记西坝上下圳灌溉的百家庄良田今景

第二章　南江古村落的自然山水图景　061

垾，用于灌溉和生活所用的引水渠，多为村落中自用的小型水渠。罗定市苹塘镇的九座屋村位于镜船盆地的东部，属石灰岩丘陵岩溶地区，被良田包围。村落除保留了不少古建筑，还有一条水渠的遗迹，名为"横垾"，是村中黎氏先人在清康熙年间出资修造的。今日村中的三多里大屋中保留了一方"重修横垾序言"的碑记。碑上记载，康熙

九座屋村伦祥里前晒谷的丰收景象

四十三年（1704）诵禹公从穿窿口河段筑坝开渠引水，供本村农田灌溉和村民饮用。20世纪70年代，横圩因渠道淤塞荒废了。2010年，村民集体捐资疏通水道以恢复使用，但后来因为罗定市引沙干渠的开通，这条在300多年间一直服务乡里的老渠退出了历史舞台。

九座屋村东约3千米处的石庵村有一座石灰岩小丘，就是碑记中记

循山缘水：寻迹南江古村落

平南村的连片水塘

第二章　南江古村落的自然山水图景　065

载的穿窿石。此处形成了一个天然的水利枢纽，自古就被乡人所利用，水声河和今天引沙干渠的水也都从山洞中穿过。九座屋村的横圳就是从这里筑坝引水向西入村，东西横贯村落，从老祖屋龙田里背后经过，再穿过黎氏家族的敷文书院。不仅是为满足生活用水，该圳设计中也隐含着"风水圳"的作用，寄托了黎姓先人希望后代衣食丰厚、文教昌盛的意愿。村中祠堂前至今还留存着功名旗杆的夹杆石，后辈文举武举兼具，终不负先祖引水筑圳的拳拳之望。

风水塘，是岭南传统聚落最常见的水利设施，也蕴含着风水意向上"得水为上"的讲究。南江流域的古村落中，水塘也往往占据着村落排头或中心的位置，一方面寓意着财富的聚集，另一方面也起到供给生活、生产用水，以及防洪排涝、防旱防火的实际功用。在生态环境方面，水塘在一定程度上具有夏季降温、冬季保暖以改善村落小气候的作用。清康熙年间的《罗定州志》记录了众多水塘，灌溉面积小则十余亩，大则一顷二十亩。今日罗定的平南村、羊塘头村、莫村都有一串如项链般耀眼的大水塘，阳光下水面清澈，波光粼粼，是古村旧时生活图景的生动再现。

位于云城区河口街道的白村有500多年的历史，陈姓先人于明景泰年间自德庆迁居此地。白村所在区域多低丘陵，开村之初是一片荒山野岭，陈氏祖先在小山丘脚下搭寮建屋，垦殖荒地，逐渐安居下来。经过几代人平整土地、开塘挖渠引水灌溉，慢慢将早期的小片梯田旱地开发为成片水田，营造了宜居的村落环境。《下白村志》中收录了20世纪50年代的村庄平面图，祠堂民居与田亩、水塘、陂圳有序结合，体现了陈氏族人在此数百年间的经营。

水车，是山地丘陵中的居民自低处引水至高处用以灌溉和生活的机巧设施。《广东新语》就记录了清代西宁县的大型水车："水翻车一名大輎，车轮大三四丈，四周悉置竹筒，筒以吸水，水激轮转，自注

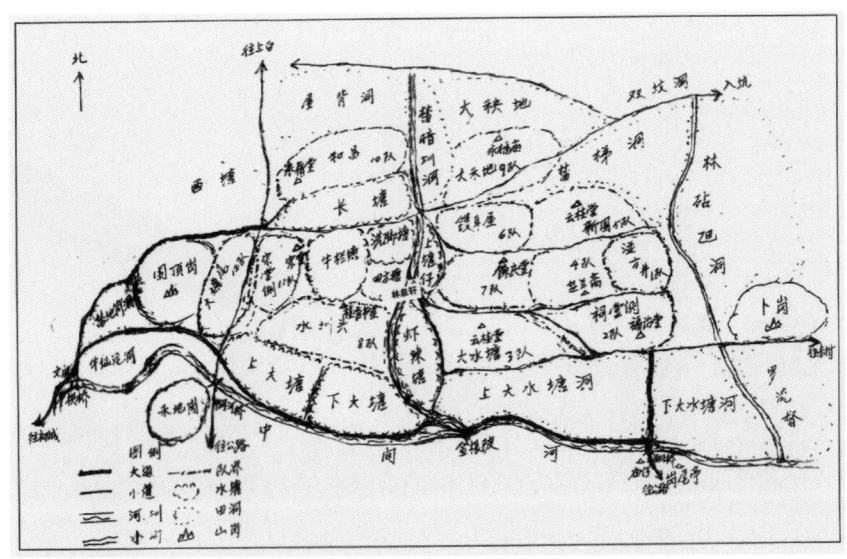

20世纪50年代下白村平面图（图片来源：《下白村志》）

槽中，高田可以尽溉。"郁南县大湾镇犁葛村位于南江西岸的连片丘陵间，沿濂清河分布，跨越两岸。此地植被茂密，水塘与田地散布其间，犁葛村委下辖上竹车、下竹车、下㘵、犁贡等自然村。犁有林间田地之意，㘵意为弯曲的河流，地方居民以水车引水灌溉、舂米，这些村名很形象地说明了此地的地形特点以及人们利用自然地理条件的生产生活方式。

步入现代社会，新技术、新材料修建的水利设施规模更加庞大，泽被地域更为宽广，南江流域的居民对水有了更便捷高效的利用方式。20世纪70年代，罗定市苹塘镇克服了石灰岩地区开展水利建设的困难，集中修建了大规模的水利设施，包括总长25千米、自桐油村到谈礼村的水渠，以及汶塘渡槽和路获渡槽两座架空渡槽。汶塘渡槽长约200米，高约10米，由14个石头砌筑的墩支撑，接穿山涵洞横跨稻田，气势恢宏。这些设施曾造福周边众多村落，也是石灰岩地区水利发展的一个

汶塘渡槽

时代缩影。

　　更具代表性的是罗平镇的长岗坡渡槽。长岗坡渡槽有"南国红旗渠"之称，1976年始建，1981年竣工，将南江上游罗境、太平两条河流的水引入金银河水库，是罗定"引太灌金"引水工程的主要建筑物，解决了南江流域由于水资源分布不均造成的干旱问题。长岗坡渡槽总长5200米，宽6米，为连拱结构，其中钢筋砼渡槽3450米，砌石拱渡槽1750米，渡槽顶部两侧设有行人道、护栏，可以通行，建筑宏伟壮丽，

茶榕村稻田中的水渠

是中国水利史上的伟大工程之一。

    罗定儿女多英雄,壮志引太济金银。
    十里彩虹跨长岗,疑是银河落罗平。
  ——1979年,原水电部副部长李伯宁到罗定视察了长岗坡渡槽建设,即席赋诗

长岗坡渡槽

第三章　南江古村落的人文历史图景

"南江"不仅是一个地理概念，也是一个地域文化概念。南江流域的文化史是古百越族与汉民族，以及汉民族内广府、客家、福佬等不同民系相互交融的历史。语言是文化的重要载体。僾古话是南江流域粤方言形成早期的"活化石"，保留了很多古代俚僚语言和古音的成分，是罗定市继白话之后的第二大方言，主要分布于素龙、围底、太平、华石等9个镇。①南江流域也讲客家话，根据《云浮市志》的统计，2000年说客家话的人口占云浮市人口的10%左右，讲客家话的人大多也会讲白话。②南江流域还有少量人口讲闽方言，以郁南县的连滩镇、东坝镇的沿南江一带为代表，在云安区富林镇、罗定市的太平、罗平、船步、蒴塘等地的一些村落也有分布。③方言的使用和发展揭示了历史上移民的情形，也顺应着民族及民系文化的交融。

不同民族与民系的文化塑造了南江流域古村落的人文历史图景。汉民族宗族观念深厚，以血缘为纽带维系着村落的繁衍和传

---

① 罗定粤语的研究是南江文化建设的重要课题[M]//陈大远. 罗定春秋：第一卷. 广州：羊城晚报出版社，2012: 292-299.
② 云浮市地方志编纂委员会. 云浮市志[M]. 广州：广东人民出版社，2012: 999.
③ 信息来源于云浮市人民政府网站。

统的延续，体现出尊礼显制的特征，氏族在祖先观念的影响下大多崇文善教，以耕读传家为理想生活。各民族在历史舞台上的活跃也传承下丰富的地方民俗：带着神秘色彩的禾楼舞，歌咏日常生活的泷州歌，逢节庆庙会的烧炮、挂灯和双龙舞，各放异彩。在南江居民的生活中，张公信仰、盘古信仰、龙母信仰等民间信仰与佛教、道教和谐共存，共同护佑百姓。历史上因古道而兴的商业贸易，又为村落增添了开放与活力。丰富多彩的村落生活表现了南江流域深厚的历史文化底蕴。

一、文化传统

尊礼显制

南江流域作为历史上汉族移民长时期迁徙、开发形成的区域，宗族文化成为村落形成发展中特别显著的特征。祠堂是宗族传统的重要元素，聚族而居，必有宗祠。祠堂或居于村落主要入口、中心等显著位置，或居于村中"风水"极佳之处，统领村落民居的布局，建筑形制通常也高于普通民居。大姓的族群，村中有宗祠及支祠，如郁南县大湾镇五星村李姓、大湾镇櫵葛村蔡姓和云城区腰古镇水东村程姓等，房系与辈分分明。祠堂是村中重要的礼仪空间及公共活动中心。乾隆年间的《东安县志·风俗》记："祭因时举行，其大族各建宗祠置尝田祭，则子姓毕集，颇得报本追远之遗意焉。"民国时期的《罗定县志·地理志·风俗》也记有："其小者曰香火堂，昕夕上香，朔望献茶，生辰忌日皆荐以酒饮。春秋行三献礼，谓之大祭，合族尊长卑幼各以其序。"在今日南江流域的传统村落中，祠堂屡经修缮，香火不绝，仍是村民逢重要节日和婚丧嫁娶之事的聚集场所，门前张贴着村中大小事宜的告示及宗亲为村落建设群策群力的芳名。

宗祠在村落布局中的核心地位是宗族精神的外显。

郁南县大湾镇的五星村位于南江中游平缓处的一个大水湾内，旧称"大湾寨"。大湾以李姓为主。族谱记载，清康熙年间，开族始祖茂生公在此处购置田产，经过多年的苦心经营，积累致富，田地连片200余亩，涵盖了今前进村下辖康塘、前锋，以及五星村下辖十亩、罗塘口、黎垌等村的范围。后人为他在康塘沙心建立宗祠，即李氏大宗祠，堂名"贻谋堂"。随着家族繁衍，大湾寨也进入快速发展时期，良田广布，大屋林立。今日大湾古建筑群的核心区域在五星村，江东岸谷地的东端，倚靠连绵丘陵。村落以宽阔的莲塘为界分为东西两部分，两侧建筑

以荷塘东西相隔的大湾古建筑群

五星村一列排开的祠堂和书塾显示了浓厚的宗族氛围

朝向相对,各以祠堂群统领。东侧部分当地人称为沙头,并列排开6间祠堂和家塾,分别为茂生公的儿子诚翁、象翁、洁翁的祠堂,以及峻峰公祠、绿村公祠、芳裕家塾。荷塘西侧相对应也为3座李氏支祠。两侧民居均以祠堂群为中心,在其后有序铺开。

罗定市素龙街道的赤坎村委下辖多个自然村,村民以黄姓为主,其中潭祝自然村开村最早,先人于明代自南雄珠玑巷迁来,至今已有600多年历史,其他几村居民均为潭祝黄氏的分支。古村落以潭祝黄氏宗祠与祠堂前的风水塘为中心,华丰大屋、就发大屋、玙光家塾等古建筑环风水塘布置,呈现出向心型布局。

潭祝村以风水塘和大宗祠为核心的向心型布局

潭祝村玙光家塾"孝友无双,治行第一"的楹联

潭祝黄氏宗祠大门楹联为"江夏启宗支一脉绵延共绍孝友无双谱系，颍川开族属千秋载德居然治行第一家声"。据黄氏族谱记载，黄氏宗族文化格外重视"孝道"，以传统"二十四孝"典故中的黄香、黄庭坚为楷模，"孝友无双"便成为全国各地黄氏族群家训中的重要部分，也常出现在黄姓祠堂和民居的楹联中，珠玑巷的黄氏宗祠也是如此。潭祝黄氏宗祠中抄存的认族诗云："骏马堂堂往异乡，任从随处立纲常。年深外境犹吾境，日久他乡即故乡。"子孙后裔开村建族、各奔东西，但依然秉承千百年来宗族的教化。

南江流域的大姓还有建立合族祠的传统。如罗定州彭氏，自明弘治年间开基罗定之后，逐渐发展为当地较有影响力的大族。位于今罗定市罗城街道的彭家祠，始建于清末，是彭姓宗亲集资建造的书院式合族祠，供年轻子弟在州城读书、族群议事，抗战时期还曾作为三罗民众抗日指挥部。再如陈姓的太邱书院，是陈姓宗亲于清同治年间在东安县城兴建，云浮陈姓中也有数位有影响力的先人享祀广州的陈家祠堂。

自南朝梁时陈法念南迁泷水，陈氏逐渐成为南江流域乃至西江流域的望族之一。陈法念后人陈集原仕唐，武后时官至冠军大将军，封颍川郡开国公。今日罗定市苹塘镇谈礼村的全国重点文物保护单位龙龛岩摩崖石刻，便有陈集原留书，被誉为"岭南第一唐刻"。

彭家祠，彭氏宗亲于清末修建的书院式合族祠

罗定市城围村陈姓香火堂的楹联

　　罗定陈氏在逾千年间开枝散叶,广布南江流域,但在传统礼制的影响下,不少村落仍保留着罗定陈氏总谱及各主要聚居村落的分谱,详述姓氏源流和祖先郡望,并述及入粤及岭南开枝的历程。

罗定市羊塘头村的陈氏宗祠

此外，陈氏家族还传承隆重的祭祖民俗，其中罗定市羊塘头村的凤阳宗祠祭典入选了广东省第五批非物质文化遗产名录。清嘉庆《建造陈氏宗祠碑记》中记有"择定吉日，通知众人定例出钱二千文，交入春秋祭用"，每年春秋两祭的祭典臻于完善，并代代延续至今。春祭只祭扫祖墓，时间多为清明前后。秋祭为祠祭，时间为每年农历八月十五或十六日。秋祭是家族重大活动，祭期临近，族长召集各房家长共同商议祭典事宜，并成立陈氏宗亲会负责筹备工作，包括确定祭典吉时、张贴公告、确定祭祀及执事人员、制作贡品等。自清代以来，陈氏家族世承祖训，保持了传统祭典仪式的完整性，罗定和旅居海外的陈氏后裔都会回来参加祭祖，历代不衰。祭祖仪式是宗族礼制传承的突出体现，以孝悌忠信为核心的伦理道德，将陈氏后裔紧密地联系起来。

除了祠堂，南江流域的传统民居中也供奉祖先的牌位。在一些村落中，即使后人已经搬出老屋另盖新房，老屋上堂祖先牌位前的香火之息犹存。在一些人数较少或者由附近大姓分支扩散而形成的村落，村中可能不建宗祠。如郁南县连滩镇的天花塘村，傅姓村民日常在祖屋正厅供奉先人，但逢重要节日则要一起到约1千米外的河口镇龙溪村中祭祖，天花塘村的傅姓居民正是从龙溪村迁移而来。

在郁南县的一些村落，对祖上渊源的追溯和纪念尤为明显，祠堂和民居的楹联均书写着流传千年的郡望或堂号。若对中国姓氏文化有所了解，漫步村中时，从"西河世家""渭水家风"和"陇西世泽""武溪世泽"等楹联中便可联想到户主的姓氏。若村落为单姓村，则家家户户门前张贴着相同的楹联。

天花塘村的傅姓大屋多张贴"版筑家声"的楹联。傅氏以殷商武丁时期的傅说为始祖。相传商王武丁梦到一贤人，有治理国家的才干，几经寻找，终于在傅岩寻得一位作版筑工的奴隶，名"说"而无姓，遂以地名赐姓，自此傅姓流传繁衍。传说助武丁实现了殷商的中兴，后代于

天花塘村双润堂前张贴的"版筑家声远,清河世泽长"楹联

西晋时期封邑于清河,并逐渐扩散到全国各地。傅姓在全国堂号众多,"清河堂"是共用的堂号。

邱氏追祀姜太公为太始祖,相传姜太公之子穆公镇领山东营丘,后代以丘为姓,清代曾因避孔圣人名讳而改丘为邱,邱、丘同源。邱姓民居楹联常书的"渭水家风,琼山世泽",上联指代姜太公渭水垂钓的典故,下联则指代明孝宗朝文渊阁大学士、一代理学名臣、琼山人丘濬。

石桥头村邱姓民居的楹联普遍为"渭水家声远,琼山世泽长"

余姓村民多以"风采家声远，武溪世泽长"为楹联。北宋天圣年间，韶州曲江的余靖荣登进士，官至工部尚书，曾任广南东路经略安抚使等职。余靖以犯颜直谏、廉洁自重著称，为北宋一代著名的政治家、

连滩镇泰山村余姓民居的楹联"风采家声远，武溪世泽长"

思想家和文学家。同朝蔡襄有诗赞云:"必有谋猷裨帝右,更加风采动朝端。"宋仁宗也曾御笔亲题:"风采第一,广南定乱,经略无双。"这是余氏堂号"风采堂"的来源。今日韶关市内仍有一座风采楼,便为明代余氏后人纪念余靖所建,是一座闻名的地标性建筑,而郁南连滩镇上也有一座粤西余氏后人在民国时期建造的风采堂。余靖号武溪,有《武溪集》20卷传世。

文教传家

历史上汉民族有耕读传家的传统,也有光耀门楣、重视家声的观念,南江流域古村落也普遍体现着尊儒重教的风气。村中修建书塾,教导蒙童识字读书,经营学田、举家族之力资助子弟参加科举。大族祠堂前树立的功名旗杆告诉后世,族中曾有荣登科甲的辉煌,功名在身的子弟是宗族的骄傲。还有铭记在族谱里、镌刻在祖屋中的家训,时时提醒后辈修身树德,严谨做人。

郁南县连滩镇兰寨村林氏的族谱中记"书田之置乃丕振家声第一切务",又记"文章华国,诗礼传家"。林氏祖先在闽地有世代簪缨的光辉历史,唐代曾有"九牧世家"之豪称。明万历年间,林氏后人自闽入粤,也将诗礼传家的祖训传承泷水。兰寨有浓厚的状元文化,村中有一棵名为状元树的高大古榕,相传是清道光三年(1823)的状元林召棠手植。林召棠祖籍吴川,年少时曾在兰寨与同族子弟学习,高中状元之后亲手将"状元及第"的牌匾悬挂于兰寨的大宗祠中,以谢宗族的培养。宗祠前高耸的三斗桅杆,就昭示着这段科甲夺魁的荣耀。除了这对旗杆,祠堂前还留存着刻有"明经进士""进士钦点"的夹杆石碑,记录着清代兰寨林氏子弟的科举功名。

092　循山缘水：寻迹南江古村落

连滩镇兰寨村林氏宗祠前的
三斗状元旗杆

兰寨村瑞昌大屋入口处供奉"门官福德之神"的壁龛

林氏宗祠内"状元及第"的牌匾

"欲进兰寨村，先走正己路。"兰寨村的进村大路以先祖林正己为名。正己公亲自培养了5个有功名在身的儿子，也为后代树立了"崇孝道、睦宗族、重教养、齐家政、正礼节、务读书、明德性、慎言语、慎交友、处世事"的"十德"家风。有种说法，正己公十分喜爱兰花之高洁，在屋前屋后、山边田野都种植了兰花，"兰"也成为村名的由来。兰寨村中还有一座建于1925年的正己学校，由林氏乡贤筹资捐建，是一栋中西风格合璧的建筑，不仅满足林氏宗族子弟的读书需要，也长期为地方教育作出了贡献。学校如今仍在教学，已经在老建筑之后盖起了新校区。

正己学校

云城区腰古镇的水东村是北宋理学家程颢的后裔所建,被誉为"岭南理学第一村"。据族谱记载,程颢后人于北宋年间迁至岭南,先后辗转南雄珠玑巷、南海及肇庆等地,明永乐年间来此居住。

水东村北邻腰古河,南滨新兴江,村内池塘遍布,具有典型的岭南水乡特征。此地西、北、东三面被江水包围,如漂浮江上的莲花,被程氏先人称为"莲花地",取"出淤泥而不染"的理学象征。村中保留着众多的书院建筑,如颐燕书斋、寿庵学堂、六洋学堂、梯云学堂等等,均为昔日宗支子弟读书的场所。当时的教师人选除了族中贤达,也聘请外面的饱学之士,族中蒙童不论男女,均启蒙授业,风气堪称开明。

水东村程氏大宗祠"理学文章留万古,光风霁月显千秋"楹联

颐燕书斋

颐燕书斋内景

水东村秉承先祖的遗训，提倡理学之治，也鼓励后人多行仁义礼智信之"善事"。村中重要路口或建筑的外墙上，常有一块镌刻了"一善"字样的铭文砖，是在提醒程氏族人"日行一善"的家风。主要道路的拐角处都预留向外突出的一小段，名"礼让路"，供人们相遇而行时退至路边，礼让对方先行。村中还有一条约2千米长、环村铺设的礁石路，雨天不泥泞，晴天不扬灰，也是程氏先祖留给后辈的福荫。水东村民婚嫁迎娶的时候，新郎会在喜庆的锣鼓声中背着新娘，沿这条路走遍全村，接受族人的祝福。

水东村中的"一善"铭文砖和礁石路

对汉族传统村落来说，文运昌盛事关宗族的延续和发展，自然要在村落的营建布局中特别作出风水的考量。文笔塔、文昌塔、文峰塔都是寄托了此类寓意的象征，选择特殊的方位与地形营建，以锁水口、镇山川、蓄文脉、出人才，佑护后辈魁星高照、金榜题名。

罗定市𬒈滨镇的金滩村就有一座文笔塔。𬒈滨镇是"中国肉桂之乡"，金滩村则是当地最早规模化种植肉桂的村落，可以追溯至清道光年间。靠山吃山的金滩村依靠肉桂产业富裕起来，也对后人的文教投

金滩村文笔塔

入颇多。金滩村的古建筑沿着瞽滨河依山脚缓坡而建，其中张礼公嫡生祠、文石张公祠、毅亭张公祠3座祠堂居于山坡高地，一字排开，与对面山丘上的文笔塔遥相呼应。文笔塔始建于清道光年间，至今已有200余年历史，塔身六角形，高3层，是一座小巧的家族式文塔。据族谱记载，文塔落成后曾遭遇雷击，致使塔顶开裂，故有"文笔开花、富贵荣华"之美谈。

泛神崇拜

西瓯、骆越、俚、僚等曾记载在史籍方志中的古老民族，尽管随着南江流域的开发与汉民族逐渐融为一体，但也留下了不能磨灭的古百越族文化印记。起源于南江流域的"禾楼舞"是国家级非物质文化遗产。学界普遍认为，跳禾楼的传统源自古百越民族中的乌浒人祈求丰收的巫术祭祀活动，也是远古农耕文化的遗留。源起于西江流域，今日广泛流行于岭南地区的龙母崇拜，是由古越族的崇龙习俗和中原龙崇拜相互结合演化而成的一种水神信仰，形成于秦始皇平定岭南后徙民戍守、汉越杂居的历史背景中。①

随着汉人南迁，佛教文化也进入南江流域，留下龙龛岩等佛教道场。此外，南江流域还存在对北帝、关帝、盘王、土地等神祇的祭祀，对刘三姐、张元勋等历史人物的供奉，以及将民间传说中的人物神仙化的做法。泛神崇拜留下形形色色的庙宇祭坛，历代方志中多有记载，也体现在南江流域的风土民俗之中。

---

① 陈玉霜. 岭南龙母文化地理研究[D]. 广州: 暨南大学, 2007: 13.

罗定市谈礼村的龙龛岩摩崖石刻，是始于唐代的佛教道场

天后崇拜

南江水系上的繁忙舟楫，将滨水文化信仰传播于流域内外。四方集民，又引入外来的神祇崇拜。带有鲜明海洋文化特征的妈祖崇拜起源于闽地，随着福建移民的扩散逐渐流行于西江和南江流域。在这个过程中，海洋特征有所淡化，但妈祖作为保济安民的水神仍受到滨水族群的崇拜。西江流域将妈祖称为天后。郁南县建城镇附城村有天后庙，前临文昌河，即建城河。民国年间的《旧西宁县志》记载，庙宇建于明代，清代多次重修，曾经规模宏大，后被毁坏，现存建筑为20世纪90年代民众集资修建。建城天后庙是南江流域留存至今的历史较为悠久的庙宇之一，日常香火不息。每年农历三月二十三日天后诞，这里都会举办庙会及一系列民俗活动，省内乃至广西、云南、贵州和港澳地区都有民众来参与。

张公信仰

张公,即明代武将张元勋,曾追随戚继光在浙、闽、粤多地抗击倭寇,立下赫赫战功,官至广东总兵官,镇守一方。明万历年间大征罗旁,张元勋率兵取得大捷,朝廷遂开罗定州与西宁、东安二县,使得昔日动荡之地出现了"狼烟息警,山城如画,行者歌,居者宁"的太平景象。张元勋因平定罗旁、奠定三邑有功,被三罗汉人神化为佑护生民的神灵,敬称为"张公",并纷纷建祠纪念,郁南县宋桂镇的三罗张公庙、连滩镇的张公庙均为代表。

连滩张公庙(图片来源:云浮市人民政府网站)

史料记载，连滩张公庙始建于明万历年间，明清两代均有修葺、扩建。400余年来，庙宇香火鼎盛，民间更在每年举办隆重的张公庙会，至今不衰。

连滩张公庙会在每年农历正月十五至二十举办"庙诞"，农历八月初六至九月十九进行"秋祭"。其间万人朝拜、八音贺诞，还有醒狮舞龙、扮饰游行等诸多习俗活动，其中最为热烈的是"秋祭"的张公巡游，十年一次的大巡游时，巡行队伍多达二三百人，在南江两岸走一圈，沿途张灯结彩、鼓乐不绝。张公庙会是粤西最具特色的民俗文化活动之一，已列入广东省非物质文化遗产名录。

兰寨村的安宁庙也是祭祀张公的庙宇，庙前是村中的状元树

狮子名山庙

关帝信仰

忠信义勇的关帝在全球华人中都有深厚的信仰基础，又在千年间被民间衍化为佑护平安和财富的神祇。南江流域也祭祀关帝。在郁南县大湾镇的南江反弓处，麒麟、狮子两山隔岸镇守水口，狮子山山顶建有狮子名山庙，供奉的便是关圣帝。山下是罗定八景之一——大湾渔唱。

狮子名山庙始建年代不详，现存建筑重建于清光绪二十四年（1898），1999年重修。庙宇三路二进，木雕、灰塑和彩画等装饰精美，屋顶的陶瓷脊饰为佛山石湾烧制，具有广府特色。

据地方志等材料记载，大湾镇狮子名山庙的关圣帝是南江的保护神，庙宇也是南江流域信众的朝拜圣地，每年农历五月十三日的庙旦庆典都极为隆重。在清代和民国时期，庙会盛况居南江之冠，周边市镇皆举力参加。彼时，南江所有客、货船都会停航3日，并由罗定南江航运会安排船只搭成浮桥，连接隔江的大湾墟，供香客通行两岸。庆典活动丰富，包括做醮、菩萨出游、烧炮、舞狮、舞龙、唱山歌、做大戏等，一连几天，盛况空前。中华人民共和国成立以后，由于狮子名山庙神像被毁，庙会一度停办，直到1999年庙宇重修后恢复，并将此庙旦日定为大湾民间文化艺术节。至此，这一民间信仰活动结合了现代文化特色，成为地方民俗活动的盛事。

盘王信仰

在瑶族文化中，盘王信仰占据着重要地位。瑶人将形象为犬首人身的盘瓠视为祖先，或通过"过山榜"的记录，或以口头方式讲述着这位祖先的故事，逐渐形成了祖先崇拜。随着瑶、汉两族文化的交融，"盘瓠"与开天辟地的"盘古"形象逐渐合二为一，造庙宇供奉盘古（瓠），也是瑶、汉信仰文化交流的证明。元、明时期，瑶人曾长期活跃在南江流域。在郁南县兰寨村，有断断续续的瑶墙遗址留存，据村民说，元朝末年，这里已有富裕的瑶族人建设了大规模的民居。明万历年间的罗旁大征之后，瑶人的生活空间被压缩至山区，汉族移民渐渐成为这片土地的主角，但瑶人文化遗痕并没有消失。

南江流域至今还有诸多祭祀盘王的场所，如郁南县宋桂镇的宋桂盘古庙、连滩镇泰山村的龙岩祖庙、云安区珠洞的清水祖庙等。盘王信仰被汉民族移民融汇、传承，成为南江流域信众庞大的民间信仰之一。

龙母信仰

传说龙母带领五龙子抵御水患、为民除害，造福国民社稷，民众纷纷设庙供奉，以祈求水运捷畅、舟行顺利。史籍载，龙母起源于"程溪"，关于其所在各说不一，包括今郁南的都城河、云安区的泷水，以及肇庆的悦城河，以末者为多。起源地虽不可确考，但龙母崇拜确是南江流域由来已久的重要民间信仰，行祠广布。据说，南江古水道因有龙母的庇佑，也成为古时仕宦、商旅偏爱的来往通途，民间的信仰助长了南江航运的繁华。[①]今日云浮市云安区都杨镇泽水村有程溪祖庙，是南江流域较早供奉龙母的祠庙。

社神信仰

社神信仰与农耕人群对土地的深厚崇拜紧密相连，历史由来久远。农业的繁荣与衰败，既受天时的影响，也受地利的制约。为了表达对土地恩赐的感激，祈求村落五谷丰登、六畜平安，社神信仰应运而生，社坛是村中重要的祭祀空间。

罗定市围底镇回龙村的翊陈社坛

---

① 陈玮婷, 赵建华, 邱丽. 南江流域传统聚落景观特征及影响因素研究——以云浮郁南近江村落为例[J]. 南方建筑. 2024, (06): 44-55.

南江流域传统村落中普遍有社坛，多以古老的榕树为社树。社树不仅蕴含着丰收的寓意，也寄托着乡人对祖先、宗亲的尊崇，香火供奉不息。社坛形制也各具特色。罗定市围底镇的回龙村，村落两端各有一座社坛，其中西南角为翊陈社坛，面对宽广的田地，佑护陈姓村民丰收吉庆。社坛形似建筑，琉璃筒瓦的硬山顶，前方铺设麻石以便祭祀。围底镇陀埇村有新老3座社坛，相距不过30米，其中陀埇老社前立有泰山石敢当，祈求丰收的同时也为村落抵挡厄运。华石镇的雅言村有"护民社"，红石砌筑。此社为醮坛，3年一醮，比一般乡村社坛的功用高。云城区迳口村的社坛位于村东一座石山的东麓，依山立社，居高临下，登上层层高阶，有一棵参天榕树从石缝中钻出，便以其为社。

陀埇三社（图片来源：第三次全国文物普查）

第三章 南江古村落的人文历史图景 113

逐口村以石山上的古榕为社

南江流域的村落中还有供奉北帝、药王和其他民间传奇人物的大小祠庙。有趣的是，一些乡村庙宇中众神俱在，如郁南县都城镇夏袭村的普光禅寺，供奉观音、圣帝、龙母和金花娘娘；连滩镇龙岩祖庙，除了供奉观音与龙母，还有弥勒、盘古大王和张公的神位，体现了民间百姓向诸神求得平安顺遂的质朴实用心态。

郁南县连滩镇龙岩祖庙，除了龙母，还供奉盘古大王、张公、观音等

二、商贸兴村

先秦以降，南江流域以水陆兼济的驿道网络在中原与岭南之间的人员物资往来中发挥着重要作用，也因其沟通西江流域和雷州半岛的地理便利，成为海上丝绸之路贸易格局的组成部分。明代设立罗定直隶州后，南江流域的商贸兴盛，据万历年间《广东通志》，一州两县连同新兴有墟市51处。

清初之后，随着政局稳定及鼓励农商的政策颁布，南江流域的航运贸易也达到顶峰，四乡商品集散，本地产的米、铁、蓝染制品等大宗产品更流通岭南内外，手工业与商业的相互促进进一步催生了水陆驿道沿线的墟市繁荣。许多山区的农民也开始涉足贸易，无论是地广平阔的繁华市镇，还是人烟稀少的僻壤穷乡，皆有商人小贩穿梭其间，商贸发展为村落注入了富庶和活力。

都城墟

都城地处云浮、肇庆两市交界处，明清时期属西宁县。都城濒临西江，有较为优越的船运条件，并以"水陆往来之冲"的地理区位成为当时重要的墟镇。清康熙年间此处设都城墟，是两广米粮运输的枢纽港埠。罗定州是明清广东重要的粮食产地，本地稻米、信宜稻米以及广西多地的粮食作物大多汇集、中转于都城墟，再沿西江顺流而下供应广佛等地。

连滩墟

连滩位于旧时西宁县与东安县的交界，同时也是罗定州与两县的交接点，此处地势较为平坦，水道宽深，水陆交通便利，具有发展商贸的天然优势。民国时期的《旧西宁县志》载："连滩为东西山要隘，地当罗定咽喉，入高凉亦间取道，舟楫来往，百货所辏，四乡负贩咸集于此。"明代以来，随着"闽浦插居、广肇附籍"，连滩在传统农耕生计之外迅速发展起传统手工业及商业贸易。清康熙八年（1669），西宁知县设立连滩墟，又名西安市，逐渐发展为百货汇聚、商贾云集之地，清乾隆年间的《连滩新旧两墟会馆碑记》云其"上接罗阳，外通西粤，作客经商，货物往来，辏集之所"，其商业繁荣程度在罗定州首屈一指。

连滩曾以草席生产而闻名。连滩草席以席草为纬、麻绳为经，用木织机编织而成，也称横经席，这一传统技艺自明清时期一路传承，如今已经入选广东省非物质文化遗产名录。至清代中期，连滩草席已经是驰名省内外的产品。东莞也以草席业著称，清末民初时有大量莞籍客商在连滩开设席庄，为地方造就了庞大的产业，产品远销海外，是郁南外销货物中的大宗，年出口额数十万银圆。连滩镇兰寨村的林氏家族开办的瑞昌行便以草席贸易为主要营生之一。

连滩镇龙岩泰山村的余氏家族也极具经商才华，创立"富盛"商号，生意一路向西发展，延伸到广西梧州、贺州、桂林、柳州等地。黄氏主要经营航运业，最高峰时坐拥数百艘大船，同时在各主要城市开铺经商。得益于清乾隆年间时局稳定，余乾富兄弟二人把握住大好商机积累财富，为后人打下殷实的经济基础。泰山村中保留有不少建造考究的古建筑，其中并列的富盛大屋和经茂大屋就建于村中最为繁荣鼎盛的时期。

兰寨村的瑞昌大屋

从泰山村望南江

泰山村中气势恢宏的富盛大屋

罗镜墟

清代学者屈大均在《广东新语》中说"铁莫良于广铁",而明清时期罗定州的冶铁业极为发达,产品享誉全国,是州税收的重要来源。罗定及南部接壤的阳春等地都是铁矿石产地,又有丰茂的林木资源与水利资源,生产与运输都具有优越的自然条件。今日南江流域南部还保存有多处明清时期冶铁遗址遗存,并有船步镇的铁炉村、簕渣村,分界镇的炉下村等村落,名字就体现着悠久的生计历史。罗镜镇位于南江上游的镜船盆地,南接茂名,有南江支流罗镜河贯通。明代罗定州初建,西山驿路开通,水陆交通在此交会,加之所处冶铁业集中,农产品丰富,罗镜迅速崛起为商贸重镇。南海和顺德的商人云集罗镜墟,生铁、铁锅等大宗商品经罗镜河顺南江北上抵达西江,输送到广府等地,再销往海外,故罗镜当时有"小佛山"之称。民国时期《罗定县志·食货志·物产》指出:"粤镬有二,曰佛山,曰连滩,镬薄而俭,柴人尤多用,然非出于连滩,实由罗定输出。"因重要的地区经济地位,清乾隆年间,罗定州判署迁址罗镜,人称分州城,辖罗镜、太平、分界三地。

种蓝制靛在南江流域也有悠久历史,明清时期也是一大重要产业。明代瑶人聚居地区多耕山种蓝,汉人徙民之后继承了这一传统手工业,今日南江上游罗镜、分界、新榕、龙湾等镇曾经普遍种蓝,中下游的罗定市、云城区等地也有蓝靛工场的遗迹。罗镜的水摆旧墟曾是繁华的墟市,200米街市,卵石铺路,两边店铺前店后仓,是南江蓝靛产品的重要集散地,佛山商贾纷至沓来,长期驻此采购[①]。

除了官方设立的墟镇,南江流域水陆交通便利的地区也有因当地望族的推动而发展起来的墟市。位于郁南最南端的大湾在明清时期也是商贾云集之处。大湾五星村的李氏先人以耕读起家,田产遍布,后人功名在身者颇多。清代李蔼士贡士出身,曾任四川仁寿县知县和徽州署理,政绩显赫,回乡后倡议建立大湾墟,造就了交接南江上游与中游的繁华商埠,被后人尊为"墟主公"。从今日规模庞大的大湾古建筑群中那些奢华大屋,可以想见当年李氏族人经营大湾墟的风云岁月。

今日罗定市北端与郁南大湾镇接壤的双东街道有倒流榜村。"双"为"泷"同音,村落就坐落在南江东岸。村中黄姓先人于康熙年间来此谋生,以航运业为根基,数代经营,家境丰厚,在当地广置田产,生意也遍及广州、南海。倒流榜村黄氏最为兴旺的时期,村落建设发展迅速,曾有一夜间同升十几条屋梁的盛况,各房在大湾墟购置商铺,均以"同"字开头,同字号约占当时大湾墟的三分之一,实为大湾豪族之一。族谱中记载,因村子位于南江的一个大折湾处,远望如江水倒流,

---

① 徐子明.从文物古迹看南江流域对海陆丝绸之路的对接作用[J].丝绸之路,2016,(22):17-19.

第三章　南江古村落的人文历史图景　123

罗定市倒流榜村的古民居群

行船至此，民居群屋面层层抬升，重重叠叠如科举时放皇榜一样，故村名倒流榜。

除却南江古水道催生的繁华墟镇，位于陆路驿道沿线的村落也借由往来繁密的人货经商致富。六都镇临近西江沿岸，处于旧时云安古道的沿线，有始建于明末清初的冬瓜坳村。村民说，因山下有一甘冽清泉，当地人讲"如饮冬瓜水"，村落由此而得名。村中阮姓是当时的地方望族，保存至今的翰林第、大夫第、武德第等古建筑群占地面积约3000平方米，足见当年的辉煌。

历史上，冬瓜坳村也曾因繁华而闻名乡里。村中还保留着一段明清时期的古驿道，起自村中水塘边，延伸至山顶树林，全长约400米，宽2米左右，由本地石灰岩石板铺就。这段古道是六都到东安县城的必经之路，当时县城的生活必需品多从西江运输而来，再由人力挑担经此运送过去。驿道上曾是一片商客往来不绝的繁忙景象，两旁有高低错落

冬瓜坳村石山脚下的泉水井

冬瓜坜村中的明清古驿道

的商铺，供过往客商打尖歇息、娱乐消遣。驿道不远处的石山脚下则有茅草凉亭，旁边就是名为"冬瓜水"的泉眼井，是贫苦的脚力挑夫惯常选择的休息处，他们在这里吃着自带的干粮，喝泉水解渴。1925年，因公路建设需要，部分古驿道被改造拓展，一些支线则被逐渐废弃。冬瓜坳村中的这段古道因为从村中穿过，是村民日常使用的道路，因此得以保留。

都杨镇在明万历年间属东安县都骑堡，是西江南岸的重要口埠，同时也位于云安古道的沿线，是人员物资由西江转移南下的交通要道。都杨镇的村头村以陈姓居民为主，先人在明代初年自南京迁入岭南。村中始祖宗汉公是洪武年间的监察御史，暮年告老还乡之后游访都骑，喜爱此处的山川秀丽，于是举家从端州迁往都骑定居。村中古建筑群呈现了镬耳山墙连片的壮丽景观，也有书室、私塾等文教建筑，显示了官宦之家的气派。村中还保留着一条风貌犹存的商业街，两侧商铺林立，有的至今还在营业。历史上，这条小街各种铺子俱全，主要服务于村中居民的日常生活，也有

第三章　南江古村落的人文历史图景　127

村头村中的陈氏宗祠有高大的徽派风格的封火山墙

往来客商光顾。陈氏后人也大多经营有方，创办于都骑大兴市的汇泉号曾闻名远近；光绪年间创办的万隆、泽隆、同和、民和等商号也都在地方有较大影响，是都骑闻名的富庶商贾之家。

村头村老街上至今仍在营业的杂货铺

第四章　南江古村落的传统建筑

　　各地的传统建筑受到自然、经济、文化等因素影响，在历史长河中逐渐沉淀出自己的特征。南江流域传统建筑继承了岭南传统建筑的部分共性，又在区域自然环境的塑造和地方历史人文的浸润中孕育出地方特色。

　　明清时期是南江流域的发展高峰，今日所见的古村落多兴发于此时。明万历年间建立一州两县，募民占籍以充实新的行政区域，大量粤北、粤东及福建人民来此落籍垦荒。明末清初之后，随着南江流域社会局势安定和经济文化进一步发展，许多珠三角地区的士民也因原居住地科举学额所限来此附籍。四方集民背后，各自的文化背景便表现在传统建筑的形制布局、营建技艺与装饰方式等方面，其中以广府、客家民系的元素较为明显。

一、平面布局

客家人传统上聚族而居,形成规模宏大、结构严谨的民居建筑群,并多有封闭性、向心性强的特点,以围屋最为典型。南江流域许多村落受客家民系文化的潜移默化,民居平面布局沿袭了客家堂横屋的形制,以中路多进厅堂为核心,两侧设横屋,满足大家庭礼仪、生活的需要。这样的大型民居被称为"大屋",在南江流域西部及山地丘陵间的村落较为多见。传统的客家围屋"宅祠合一",祠堂通常是围屋的中心;而南江流域的传统村落又由于受广府等文化的影响,祠堂通常在村落中独立设置,"大屋"多为供人居住的祖屋,中路最后一进为祭奠先人的祖厅。

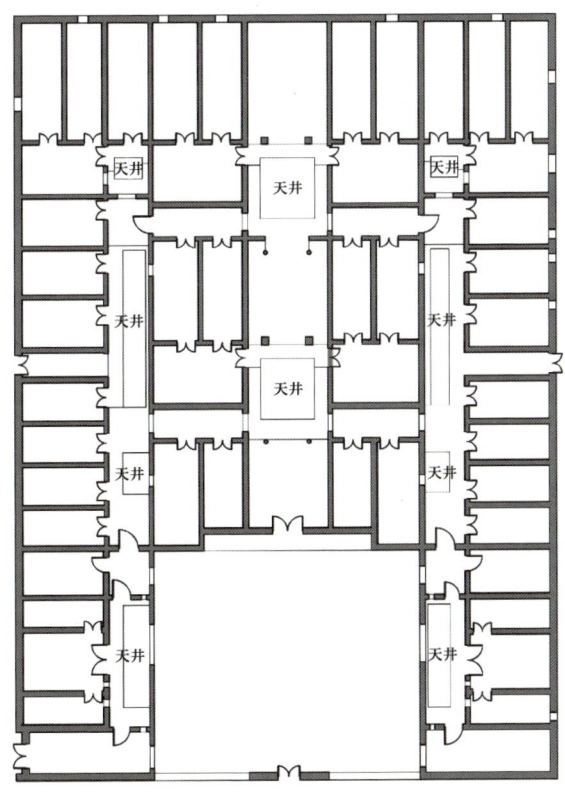

郁南县五星村其昌栈大屋平面图

第四章 南江古村落的传统建筑

中路两进或三进厅堂，结合两侧各一路横屋是南江大屋的常见规模，天井在纵向连接各进厅堂，地方称为"登带巷"的直巷则分隔了厅堂与横屋。登带巷多以过廊切割成多个大小不一的天井，与两侧横屋共同形成数个相对独立的小型院落，体现了建筑中主次分明、疏密结合的秩序感。

郁南县五星村的其昌栈大屋，中路三进厅堂，两侧各有一路登带，共有大小天井10个

倒流榜村江边建筑群（图片来源：倒流榜村黄氏族谱）

大家豪族所在的村落中，大屋更见恢宏，厅堂可以有四至五进，横屋则可达三至四路。罗定市倒流榜村的黄氏以航运业发家，村中同源大屋和信生公大屋均为"四进双登带"，正绍公大新屋和大旧屋则是"五进双登带"，4座大屋列于江岸，屋脊层层抬升，正是村名"倒流榜"的由来。又如郁南县连滩镇的石桥头村，毓桂旧屋在四进厅堂两侧各有两列横屋，形成四进五路格局。而不远处的光二大屋更胜一筹，中路四进，两侧有横屋，在这之外，前有倒座，后枕杠屋，外侧再有两路横屋，四面以厚重坚固的墙体整体围合，体现了极强的防御性，与传统客家方形围屋非常相似。此外，南江大屋也有数栋并联的方式，如罗定替濮村的梁家庄园九座屋，3座三路三进的大屋并排而立，相互通联为整体，又是另外一种排场。

南江流域临近珠三角，也受到较强的广府文化辐射，一些村落的传统民居以"三间两廊"的合院为基本形式，即主座三开间，前有天井，以两侧的廊屋围合成的小型院落，并在这个基础上扩展和变化。在村落梳式布局的影响下，民居排列有序而紧凑，根据家庭生活需求可能在进深方向拓展为二进至三进。

罗定市羊塘头村的传统民居,可见三间两廊的基本形式,也有的拓展为二进

二、立面造型

立面不仅是建筑外观的呈现，更是地域文化、生活习惯和审美理念的生动写照。南江流域的传统建筑，无论规模大小，其整体视觉效果总能呈现出均衡稳定、和谐统一的观感。小型民居注重实用，通过屋顶层次营造简洁的造型；而富裕人家的大型宅院则常以高大而引人注目的镬耳山墙与多处精心点缀的装饰细节，打造层次丰富的立面效果，丰俭由人、各具特色。

屋顶被誉为建筑的"第五立面"。南江流域传统建筑以中路各进厅堂的屋面为视觉中心，两侧耳房与廊庑的屋面或平行、或垂直，映衬相交，形成高低错

郁南县五星村兴宝大屋，屋面与山墙呈现出富有层次的艺术感

第四章　南江古村落的传统建筑　139

罗定市平南村仁泽大屋较为朴素的龙船脊

落、层次分明的组合。此外，屋脊作为屋面的重要装饰部位，造型主要为博古脊①和龙船脊②，以及它们的结合。博古脊一般仅在正脊两端以灰塑博古纹点缀，而正脊中间则有精美的灰塑或陶瓷装饰；龙船脊尾端常以草龙、凤尾的形式弯曲翘起，有时也与博古纹相互配合，博古纹在两端起到承托卷尾、填补正脊与山墙间的空隙，以及增强脊端稳定性的作用。

---

① 中部平直，两端装饰以博古架为原型的横竖不等、高低错落的几何图形。
② 脊身平缓、两端弯曲翘起，如同小船。

郁南县石桥头村锦屏公祖屋，正脊是有精致灰塑和卷尾的龙船脊

云城区水东村程氏大宗祠的博古脊

郁南县泰山村富盛大屋的龙船脊两端点缀了博古纹

高大的镬耳山墙是南江流域传统建筑立面造型中最富变化与艺术性的部位。在广府地区，由于紧密的梳式布局以及三间两廊民居的平面布局特征，镬耳山墙多装饰在侧面，同时承担着"封火"——阻止火势蔓延的重要功能。然而在南江流域，由于用地广阔，建筑规模变大，建筑沿横向展开，正立面宽度随之增加，屋面的组合变得更加丰富，因此高大气派的镬耳山墙多出现在南江大屋的正立面，更显庄重恢宏。其防火功能相对弱化，反映了这一建筑元素在当地从实用功能向装饰功能的转变，成为屋主财富实力与审美追求的象征。较之广府的镬耳山墙，南江大屋的镬耳体量更大，装饰也愈加繁复，不仅造型富于变化，墙肚部位也以色彩丰富的灰塑和彩画层层装点，极富艺术韵味。同一村落不同建筑，甚至同一栋建筑不同山面的山墙，也可能形式不同、各有特色。

郁南县五星村民居细节丰富的镬耳山墙

郁南县五星村祠堂镬耳山墙

郁南县兰寨村海棠式镬耳山墙，点缀了博古元素

兰寨村林氏宗祠形似官帽的方形山墙，反映了村落的状元文化

云安区村头村祠堂的马头墙

第四章 南江古村落的传统建筑 149

郁南县泰山村富盛大屋，厅堂为人字山墙，横屋则为装饰博古纹样的矮山墙

云城区益南村林氏宗祠的波浪形山墙

三、营建智慧

南江流域炎热潮湿，对居住场所的通风、散热提出了较高需求。当地传统民居的空间高敞，室内能达到6米的高度，并以天井、廊道和厅堂的组合连通室内外，有利于调节微气候。一些规模较大的建筑中，登带巷分隔了中路与辅屋，但又与中路各天井间有门洞相通；热压作用下，外界相对凉爽的空气便可引入中路；风压作用下，登带巷风道窄、风速大，从中路天井导出内部炎热空气，使得建筑内能维持相对舒适的温度和湿度。

各进厅堂之间通常没有实质的物理阻隔，虽然有的厅堂设置了可开合的屏门隔扇，但隔而不断，在增加私密性的同时并不影响空间的流通，一些祠堂的中堂甚至两面开敞，空间总体呈现出较强的纵深感和通透感。每一进厅堂都比前一进要高，呈现逐级升高的趋势，既有利于排水、通风，也营造了空间层层递进的关系，突出了最后进的祖堂，展现了南江百姓对纪念先祖的重视。

南江流域水系发达、时有洪灾，传统建筑体现出"高筑防洪"的理念，建筑高度明显高于沿海或平原地区，也格外注重竖向高差设计。部分山间谷地上繁衍的村落，建筑皆顺应地势抬高而逐级布局；平原村落的建筑内部也抬升各进地坪，保持前低后高的姿态，结合建筑内天井、明渠与暗渠的科学布局，确保水能够迅速排出屋外，再依托村内的排水系统汇入河流，形成一套完整且高效的排涝体系。许多位于河谷平原的民居设计有二层生活空间，并配备舟楫。当洪灾来临水位过高、外墙与排水系统难以抵挡水势时，居民可在二层通过舟楫逃生。

郁南县五星村其昌栈大屋高敞的厅堂与连通的天井

郁南县连滩镇石桥头村光二大屋的登带巷,二楼墙面伸出的木梁可以架设木板,当洪水淹没一层,居民转为楼上居住并以木板栈道通行

第四章　南江古村落的传统建筑　155

郁南县石桥头村锦屏公祖屋，祖堂内部悬挂舟楫

　　南江流域传统建筑的营造始终紧密结合自然条件，工匠以独到的技艺确保了传统建筑在多雨、高温环境下的适用性和耐久性。

　　因云雾大山削弱了沿海台风的直接侵袭力度，南江流域传统建筑的屋面构造与沿海广府地区常见的碌灰筒瓦屋面不同，采用单层板瓦直接置于桷板上，以一正一反相搭接的"阴阳瓦"方式铺设，不设筒瓦，只在檐口用灰浆固定（又称"猫鼻"）。这样的做法使得屋顶更轻薄，有效减轻了屋面自重，不仅利于建筑内部的散热，还节省了材料成本，同时依然能满足防雨排水的基本要求。

南江大屋瓦件的铺作方式

　　南江流域传统建筑在材料选择上遵循就地取材的原则，工匠充分利用区域内丰富的天然资源，将当地材料转化为建筑语言，并在不同材料的物理性能、工艺加工与装饰效果之间寻求平衡。

　　青砖墙是我国传统建筑的一大特色，南江流域内，具有一定规模的大屋墙体也多用青砖砌筑，部分地区还在工艺上进行了优化。在罗定，当地工匠常使用凹肚青砖，砖体分阴阳面，砖身轻且造价低。用其砌筑的墙体外观与实心青砖相同，同时墙体内部因砖体凹陷形成空气层，有效减缓热量传递，提升墙体的隔热性能。[1]

---

[1] 陈一新, 李翠莲. 泷州民居与古建[M]. 香港: 香港民居学会, 2013: 21.

第四章 南江古村落的传统建筑 157

凹肚青砖

茶榕村大寨善庆堂的三合土夯土墙

  灰砂三合土夯土墙则采用当地生产的石灰、黏度极高的黄泥以及河砂，按一定比例混合沤制，版筑过程中，再加入竹片、木条作筋，经夯实、拍打与过灰后，制成的墙体坚固实用、寿命极长。[①]泥砖墙也很常见，制备方便、造价低廉，但易于风化也不耐雨淋，耐用性方面明显不足。

---

① 特色古建筑现身苹塘[M]//陈大远. 罗定春秋：第一卷. 广州：羊城晚报出版社，2012：113-114.

青砖包裹泥砖的做法

南江流域传统建筑以灵活的砌筑方式将不同材料的墙体进行组合，相互取长补短，整体上以经济、耐用而又美观为目的。有的建筑采用青砖包裹泥砖的方法，俗称"铁包金"，以抵御雨水频繁冲刷墙体表面。也有的在墙基、转角等易受冲击部位，施用夯土、青砖或麻石等更耐磨、坚固的材料，俗称"金包银"，以提高墙体整体的耐久性与实用性。夯土墙或泥砖墙在外观上稍显廉价，常在表面重新批荡灰砂并勾勒出砖缝，营造出砖墙的视觉效果。

梁家庄园九座屋以花岗岩作墙基

回龙村大夫第外墙组合运用夯土、红砂岩与青砖

泥砖表面抹灰并勾勒砖缝，看起来就像砖墙

南江流域大理岩、花岗岩等优质石材资源丰富，自明清时期便已发展起蓬勃的石材业，享有"石都"的美誉。其中，今云城区一带出产的大理石，以其黑白条纹相间的云彩纹理而闻名，被称为"云石"，与信宜的玉石、英德的英石、肇庆的端砚石并称为"岭南四大名石"。此外，产自罗定市金鸡镇洪塘村的"帝女红"云石，质地幼嫩坚韧，平整度高且水裂纹少，有不易回潮，耐光、耐冷、耐热的优点，外观与物理性能俱佳[①]，因而自古以来便负盛名。

---

① 资料来源于罗定市人民政府门户网站。

云安区富丰村石板围民居的云石门阶

大峒村八角楼入口地面以"帝女红"云石装饰

南江流域传统建筑中也常出现当地特色石料的身影。装饰性较强的大理石常用于建筑入口地坪、门框、门槛、门墩及天井等显眼位置,而砂岩、花岗岩、麻石等朴素坚硬的石材,则多用于墙基、柱础等承重部位,发挥防水防潮的实用功能。

四、装饰艺术

南江流域传统建筑极为注重装饰,屋脊与山墙、檐口、门、窗、梁架、屏门等室内外构件中往往集合了各种风格、题材和工艺的装饰,灰塑、彩画、木雕、石雕,琳琅满目。穿行村落中民居、祠堂、书塾等建筑,精美的装饰艺术无不使人沉醉,驻足端详。

增村雍亭梁公祠集各种装饰于一身

灰塑

灰塑作为岭南传统建筑标志性的装饰技艺，在南江传统建筑中也得到了丰富的演绎。题材选择上仍以花鸟草木、人物瑞兽为主，工艺技法上也延续了岭南灰塑披底塑形、上彩等工序，但也呈现出地域特色。与广府建筑相比，南江大屋的灰塑施用部位更多，除了镬耳山墙和屋脊，山墙垂带、天井两侧、门楣与窗楣也普遍装饰。用色上也更为大胆，南江工匠喜欢用鲜艳明快的色彩，结合多层次的堆塑技法和丰富的线条处理，呈现出强烈的视觉冲击力。

兰寨村瑞昌大屋门楼屋脊和山墙垂带的灰塑

蓸葛村民居山墙垂带的灰塑装饰

兰寨村瑞昌大屋第三进大门门楣灰塑

彩画

南江流域传统建筑的檐下及厅堂墙楣等显眼的位置能看到题材丰富的彩画,神仙故事、戏文典故、诗词歌赋、自然山水、博古清供以及花鸟瑞兽组合登场。彩画的题材不仅是艺术表现,也是屋主志趣的表达,

罗定市旧街村泷聚大屋室内彩画为"指石为羊"的仙人典故

除了以祥瑞寓意富足长寿，以仙人传达淡泊出世，南江乡民也喜欢以孔孟先哲及书卷诗文表现对功名的追求。更为有趣的是，一些彩画中还出现了钟表、轮船等西洋新鲜事物，并且与传统装饰母题自然地结合在一起，体现了清末民初西风东渐给南江流域的建筑文化带来了新的生机。

郁南县五星村祺波大屋里装饰着象征祥瑞寓意的蝙蝠花篮彩画

回龙村骑尉第姜太公垂钓典故的彩画,人物形象传神

回龙村良儒新屋的檐下彩画将汽船与传统诗词结合在一起

第四章 南江古村落的传统建筑 175

茶榕村民居彩画将西洋钟和博古清供相结合，并有工匠的题记

木雕

南江传统建筑中的木雕常见在封檐板、梁架、屏门花罩等部位,结合浮雕、镂雕的技法,有时还施以彩绘,整个画面构图饱满,精美细致。其中前廊梁架、封檐板往往成为木雕装饰的重点位置,工匠以木料层层叠置,或直接以整块木料支撑,表面雕刻精美的纹样。封檐板多以

大屋垌村莼圃陈公祠梁架上的木雕结合了花鸟瑞兽和人物典故题材

卷草、花鸟为题材，有的将福禄寿字嵌于其间；厅堂的屏门则主要是繁复的几何纹样镂雕，不阻碍空间的通达，有时也将堂号镌刻其上；雀替、门罩、挂落的木雕装饰则为较为简洁的木构体系增添了富于变化的趣味。

水东村涵斋程公祠梁架的木雕以金殿传胪为主题，下方的钟表记录的是祠堂升梁的吉时

兰寨村瑞昌大屋封檐板镂雕出极为精细的花边

第四章 南江古村落的传统建筑 181

五星村祺波大屋柱间垂落的挂落

五星村其昌栈大屋的隔扇门，每进各不相同

第四章　南江古村落的传统建筑　183

大垌村中和堂的屏门横批

石雕

相较于灰塑、彩画和木雕，南江传统建筑中的石雕装饰较少，一般点缀在外檐柱、柱础、门槛和渠口等处，形象较为简洁朴素，更具有防雨防潮、坚固耐磨的实用意味。红砂岩因质地较软而易于雕刻，常用于制作建筑中的装饰构件，如抱鼓石、裙板等，但也容易风化。

水东村普泉程公祠的石雕虾弓梁

罗定市罗城街道黑门墩老屋的红砂岩裙板

云安区冬瓜坳村民居中福寿主题雕刻的云石门枕石

罗定市赤坎村朝雁大屋下水渠口的石狮子

五、建筑枚举

南江流域古村落内传统建筑类型丰富，除了宗族祭祀议事的祠堂、日常起居的民居，还有体现崇文重教之风的书塾、文塔等文教建筑，供奉神祇以祈求护佑的庙宇、社坛，富庶农耕或经商家族建造的粮仓，以及为拱卫村落与住宅建起的炮楼等等。作为不同功能的空间载体，传统建筑在形态与结构上各具特色，反映着当地乡民多样的生活面貌。

祠堂

祠堂是南江流域传统建筑的典型代表，承载着合族祭祖、议事决策、庆典仪式等功能，是凝聚宗族血脉与精神的文化象征。从跨越多个村落、汇聚同姓同族不同支派的总祠，到扎根于本村落、凝聚同姓同支的支祠与家祠，祠堂深刻体现了宗族聚居的文化内涵。宗祠镌刻堂号与族对，彰显家族渊源与价值观，其形制规模与装饰艺术直接反映宗族的社会地位与经济实力。

潭祝黄氏宗祠今貌

第四章　南江古村落的传统建筑　187

潭祝黄氏宗祠朝拜堂卷棚的梁架

祠堂多采用中轴对称布局，常见三间三进或三间两进，部分增设耳房作为家塾或储藏空间。明间以木构梁架支撑，营造开阔的祭祀空间；正厅梁架用料考究、装饰精细，凸显其核心地位。祠堂布局既体现严谨的礼制精神，又展现功能与美学的融合。

最能反映南江流域历史悠久的祠堂文化的是潭祝村的潭祝黄氏宗祠，始建于明永乐年间，曾是罗定及附近州县规模最大的祠堂，也是目前南江流域乃至广东少数的有明代遗构的祠堂之一。祠堂由曾任布政司理问的黄氏五世祖黄尅与其弟黄斌合力兴建，据记载原为一路七进，清乾隆年间后二进倒塌。经多次重修后现为黄色琉璃瓦屋面与瓷砖铺地，原貌改变较大，但梁架仍保留着明代建筑特点。开间跨距较大，用料讲究，风格古拙朴实，厚重大方。各进檐柱、金柱均使用粗大的格木柱，配以覆盆式红砂岩和花岗岩石柱础，木柱与柱础之间使用木櫍；厅堂梁栿均采用两端弯曲呈月牙形的月梁做法，驼峰斗拱雕刻精致、充满张力。其中第二进官厅上方卷棚顶当地称"鲤鱼跳龙门"，中间一大拱门上挂"朝拜堂"牌匾，据称当时的官员到来都需要在此朝拜才能进官厅。

规模庞大的大湾古建筑群中的祠堂群，也是南江流域内祠堂建筑的典型代表，其中以峻峰李公祠艺术气息最为浓厚。峻峰李公祠建于清宣统元年（1909），位于其父（绿村）与祖父（象翁）、伯祖父（诚翁）的祠堂之间，4座祠堂分别属于李氏分支中的4位举人。峻峰李公祠门面最窄却最为高耸，寓意"青出于蓝而胜于蓝"。檐下封檐板、透雕木挂落与横披窗工艺精巧，正脊为佛山石湾吴宝玉店号制造的陶瓷花脊；一进天井两侧廊房称为八音房，二层设观礼台，供八音师傅奏乐与孩童观礼；二进天井设拜亭，具有减少阳光直射、增加室内舒适度的作用，也具有较强的仪式感。南江流域建有拜亭的祠堂不多，可视为广府核心文化区祠堂风格的影响。峻峰李公祠不仅展现了精湛的建筑技艺，也承载了李氏家族的文化与荣耀。

"青出于蓝胜于蓝"的峻峰李公祠

峻峰李公祠内部装饰精美,一进天井两侧为礼仪用途的"八音房"

峻峰李公祠二进天井建有拜亭，在南江流域祠堂中较为少见

民居

南江流域传统民居以多样的形态展现了多元融合的地域文化。从普通百姓的单体住宅到富裕家族的合院式建筑，平面布局灵活多变，既满足生活需求，又体现人与环境的和谐。根据屋主的身份地位和财富水平，民居在形制规模和装饰上呈现出差异。早期，岭南传统民居中只有考取功名者才能建造带高大镬耳山墙的宅院；但到清中后期，南江流域众多豪族的大宅均是镬耳林立，装饰上也各显其能。民居不仅是居住空间，更是历史文化的载体，见证了社会阶层与文化观念的变迁，记录了百姓的生活智慧与审美情趣。

罗定市围底镇杨村的内翰第是南江流域传统民居中的典型代表，建于清咸丰十年（1860），屋主陈荣德以乐善好施闻名，咸丰七年（1857）大旱时开仓赈灾，咸丰十一年（1861）又资助广西藤县守军，同治二年（1863）因军功获封"翰林待诏"，大屋则因此得名。建筑采用一路三进布局，两侧设带巷与附屋，外墙以青砖墙面配夯土墙基，头门使用灰塑龙船正脊，与两侧的镬耳山墙相映成趣。内翰第装饰精美，檐下斗拱、檐板与屏门木雕工艺精湛，更引人注目的是其浓厚的家庭教育氛围，"敬胜者吉，谦尊而光"等家训箴言都彩绘在屏门上，檐下彩画也多饰以诗词佳句，彰显家族引以为荣的文化底蕴。

杨村内翰第

内翰第檐下木雕装饰

内翰第隔扇门木雕装饰与家风家训相结合

陈荣德之孙陈章，抗战期间率部在从化、增城等地对日作战，以用机枪击落敌机闻名。民国时期，陈章在祖屋内翰第旁边建造了一座中西结合式民居——陈章旧居。旧居主体为三层西式小洋楼，楼前方左侧设两层客房，右侧建牌坊门。建筑巧妙融合中西元素：大厅设玻璃天井采光，四面开窗通风；侧墙外砌青砖十字花窗墙，墙后设走廊，既通风又遮阳；二、三层设弧形小阳台，三层两侧各开5个拱券窗。这些设计充分考虑了当地气候特点，既保留了传统韵味，又满足了现代使用功能的要求，成为时代变迁的生动见证。两座相邻却风格迥异的民居，是陈氏家族历史与精神的延续。

陈章旧居侧立面的十字花窗青砖墙

第四章　南江古村落的传统建筑　199

陈章旧居

梁家庄园九座屋

南江流域还有庄园这一独特的建筑组合类型。罗定市黎少镇替濮村的梁家庄园是粤西地区地主庄园建筑形式和风貌的典型代表。其中九座屋是规模最大且保存较好的民居,由3座主体建筑并列构成,俯瞰三进十路,9条主脊,故而得名九座屋,建筑面积7000多平方米。九座屋正立面一列6个高大的镬耳山墙极具气势,内部以通巷和横巷联通,形成一个互通有序的生活空间。今日漫步其中,即使晴空艳阳,屋内也有一种沉静阴凉的氛围,一进又一进,一横又一横,巷道两侧人去屋空,瓦面上、砖缝中冒出野花,早已没有昔日大家族的喧嚷热闹,但檐下依稀可见的彩绘,下水道渠口憨态可掬的石刻,以及精致的木雕屏门、艳丽的满洲窗,还能让人想象当年这里的人过着怎样考究的生活。抗战时期,九座屋曾是广东省立文理学院为避战火而迁徙办学的临时校舍,1956年至1995年,又先后作为罗定第二初级中学、黎少中学校舍使用,墙面至今留存着不同时代的标语与板书,无声诉说着从豪族宅邸到教育殿堂的变迁,成为见证地方历史的文化地标。

满洲窗

梁家庄园九座屋

家塾

家塾作为传统村落中重要的教育场所,承担着族内子弟的启蒙教育功能。在有一定规模的村落中,宗族通常都会设立家塾,且多数与祠堂结合。如赤坎村黄氏宗祠,宗祠建造时在旁附建书房;又如大湾古民居建筑群中的芳裕家塾,紧邻村中心祠堂群,门口的重修碑记上也称其为"芳裕家塾祠堂",体现着二者的紧密结合,反映了传统村落中教育与宗族文化的深度融合。

赤坎村黄氏宗祠与旁边附建的书房

芳裕家塾

　　除与宗祠结合设立的书塾外，一些村落会单独择址设立书房，且往往位于村内的优越位置，如云城区水东村内有颐燕书斋、寿庵学堂、六洋学堂和梯云学堂供不同宗支子弟读书，再如罗定市苹塘镇九座屋村的敷文书院，与村中祠堂、祖屋连成一线。罗定市围底镇陀塱村的墨香书房也很具代表性，建于清代，位于村内水塘前，四周植被环绕，风景秀丽，是一处利于涵养身心的所在。其平面布局独具匠心：中路向两侧天井大面积敞开，形成明亮通透的檐下空间，既利于采光通风，又营造出开放的学习氛围。二进正厅作为讲堂，两侧设书厅，厢房则作为讲师的居住空间，功能分区清晰合理。墨香书房被村民俗称为"大馆"，曾为陀塱村和周边村落的文化教育起到倡导和推动作用。1950年之后，墨香书房曾先后更名为罗定二区第九小学、罗定十区第三小学和陀塱小学，据说，罗定第一个考上清华大学的学子彭子通就是这里毕业的。

墨香书房及周边优美环境（图片来源：第三次全国文物普查）

墨香书房檐下的开敞大空间

炮楼

安全是传统村落营建中考量的重要因素,特别是在社会动荡的岁月中,地处交通要冲、辖地交接之处的村落,更将安全设施作为村落的重要组成部分。炮楼由此成为南江流域传统建筑中不可忽视的一类。

炮楼的建造自然以坚固为要务。南江流域古村落中的炮楼多为夯土墙。首先要挖深3—4米、宽2—3米的墙基,在里面填放大石,用石灰、泥浆固定,打好基础。墙体用本地的大黄泥按一定比例添加石灰等材料,人工干拌后层层夯实。每夯筑一层便铺设杉木楼板,用不生锈的竹钉固定,建好楼梯后一层便算是完成。

根据形制格局,炮楼可以分为独立式与复合型两类。独立式炮楼通常较高,可达10余米,是村中的制高点,多把守村内主要出入口等关键位置,俯瞰全村,起到瞭望、警示和防守还击的作用。一些村落中设置多座独立炮

大田头村仅存的两座炮楼,分别把守在村落两侧

云城区布务村的聚星楼

楼共同构筑防御体系，每座炮楼也各有名字。如南盛镇大田头村，根据族谱记载，原有太岳楼、杏春楼、桂发楼、中和楼和广来楼5座炮楼，联合围护全村，现今只存桂发楼、广来楼两座，分别扼守在村落的西北角和南侧出入口。又如云城区布务村，至今保留有建于晚清、民国时期的3座炮楼，分别名为福星楼、聚星楼和德星楼，向3个不同方向瞭望警戒。聚星楼形态纤细，通高5层，夯土墙体，墙面分布着细长的枪眼，高处设瞭望窗，这是南江古村中独立炮楼的典型形态。

复合型炮楼与民宅相结合，主要用以保护宅院内部及周边安全，部分兼具仓储功能。其中，回龙村的双炮楼最具代表性，这本是一座一路二进的民居，建于民国初年，因正立面两角各凸出一座3层炮楼，故称

城围村双炮楼

"双炮楼"。炮楼为平檐口设计，正立面墙体嵌有绿釉大花窗，并设有多个细长隐蔽的观察孔，既保证了采光通风，又增强了防御功能，同时丰富的立面处理减弱了炮楼的封闭性，与民居结合也并不显得突兀。

位于罗定市金鸡镇大㘵村的八角楼也是一座将碉楼式炮楼与住宅巧妙结合的特色建筑，但它并不与住宅直接相连，而是附设其后，坐落于高台之上，并通过横屋及院墙与前宅围合成后院，这种形式原本在大㘵村较为多见，如今却是硕果仅存了。八角楼主体四角各向外凸出一个方形结构，内部四角切角加拱券支撑，故而得名。外墙配以两大四小6个高耸的镬耳山墙，屋面隐于其内，前后两面有凤尾博古脊，檐下饰以五彩灰塑，首层设高门、八字台阶与趟栊门，各方向均开有内小外大的枪眼孔。八角楼通体以砖砌筑，气势浑厚但又富于装饰，显示出屋主的财力和讲究。

大㘵村至德堂及八角楼鸟瞰

第四章　南江古村落的传统建筑　213

八角楼的入口

八角楼檐下灰塑装饰

八角楼内大外小的枪眼

粮仓

粮仓多见于富庶大族所在村落,这些家族田亩广阔,或自行耕种,或雇佣佃农,需要建造粮仓储备收成后的粮食。南江流域古村落中小型粮仓较为常见,外观通常与小型民居相似,但建筑高度提升,将粮食储

苹塘镇汶塘村的林氏新仓,形似民居,也同样富于装饰

存于夹层，罗定市回龙村的福德粮仓、苹塘镇汶塘村的林氏新仓都是此类。位于罗定市平南村的仁和仓，是平南黄氏六世祖仁泽公的仓廪，据族谱所述此仓原为储存"蒸尝谷"（祭祀用谷）而建造。建筑正厅两侧耳房设夹层，通过木爬梯上至夹层存放稻谷，两侧厢房则为仓管生活居室。

平南村仁和仓外景

平南村仁和仓内景

也有如梁家庄园内的大型粮仓，主体建筑前后分列4座。各座仓库正厅为大仓，两侧各有3个小仓，与晒场连接的山墙面砌有楼梯，晒好的谷物可直接运至二层，再通过天桥分配到各仓。粮仓选址在较为高敞的地方，格外注重防潮与排水：底层用砖砌半米高的台基，防潮防虫蚁；屋顶桷板与瓦片铺设密度加大，防雨水渗透与防盗；青砖墙厚40厘米，麻石墙基，排水系统通畅。粮仓前即为码头，便于装运，与晒场共同形成了便捷的存储运输体系。为守护粮食，粮仓四角曾均设有炮楼，现存3座。如此规模的私家粮仓，鼎盛时期粮食存量巨大，在南江流域首屈一指，省内也极为罕见。新中国成立后，梁家庄园的粮仓长期在罾濮村中担任着粮油供销站的角色。

高敞坚固的梁家庄园粮仓

第四章 南江古村落的传统建筑

守卫粮仓和晒谷场的炮楼

第四章　南江古村落的传统建筑　223

粮食可以直接从晒场运送至粮仓二层

后 记

　　山与水奠定南江古村落的自然基底，历史与文化则塑造了古村落的精神气质。在壮美和秀丽兼而有之的南江流域，散落的古村是一个个动人的故事，先民与后人在这里躬身劳作，筑屋造舍，以勤劳质朴的内在，和谐包容的胸襟，营建数百年间生生不息的家园。南江由此超越了地理概念，展现出自然山水与历史人文相融的丰美图景。今日，南江的子孙后代遍布世界各地，投身于时代浪潮，但日夜流响的南江水，香火不息的祠堂与祖屋，始终是根植于心的一抹乡愁。

　　研究南江流域古村落，不仅是对地域传统村落与建筑的记录、对岭南文化图谱的填充，在当代新农村建设的实践中，也是探讨传统文化保护与传承的基础。

　　感谢中共云浮市委宣传部在调研项目立项和资金筹措等方面的鼎力相助，让这本书的出版有了前提。

　　感谢云浮市、罗定市、郁南县、云安区和云城区文物行政管理部门，以及罗定市博物馆的同仁在调研期间所给予的支持和协作。

　　感谢南江流域各街道村委会和热心村民的帮助，提供了宝贵的线索与资料，使得调查工作得以顺利进行。

　　本书的调研工作还有赖于广东省古迹保护协会、广州欧科信息技术股份有限公司、华南农业大学赵建华老师团队、广州筑源建筑工程设计咨询有限公司各位伙伴的密切合作。

除注明来源的图片，本书中照片均为调研团队拍摄，其中也包括摄影师陈小铁先生协助拍摄的多幅精美照片，为本书格外增添光彩，书中未一一标注，一并表示感谢。

此外，衷心感谢出版社诸位专业工作者的倾力配合与精心指导，使得本书得以顺利出版。

谨以此书，让更多的人看到美丽南江、精彩南江。